Mansour Ghanian
Omid M. Ghoochani

Proposta de um quadro teórico para o desenvolvimento do arroz Bt

Mansour Ghanian
Omid M. Ghoochani

Proposta de um quadro teórico para o desenvolvimento do arroz Bt

Baseado na abordagem multi-stakeholder

ScienciaScripts

Imprint

Any brand names and product names mentioned in this book are subject to trademark, brand or patent protection and are trademarks or registered trademarks of their respective holders. The use of brand names, product names, common names, trade names, product descriptions etc. even without a particular marking in this work is in no way to be construed to mean that such names may be regarded as unrestricted in respect of trademark and brand protection legislation and could thus be used by anyone.

Cover image: www.ingimage.com

This book is a translation from the original published under ISBN 978-620-2-01440-3.

Publisher:
Sciencia Scripts
is a trademark of
Dodo Books Indian Ocean Ltd. and OmniScriptum S.R.L publishing group

120 High Road, East Finchley, London, N2 9ED, United Kingdom
Str. Armeneasca 28/1, office 1, Chisinau MD-2012, Republic of Moldova, Europe
Printed at: see last page
ISBN: 978-620-7-69098-5

Índice

1

Capítulo 1. Introdução

Antecedentes

A segurança alimentar foi definida pela FAO em 1996 como uma condição que existe quando todas as pessoas, em todos os momentos, têm acesso físico, social e económico a alimentos seguros e nutritivos suficientes que satisfaçam as suas necessidades dietéticas e preferências alimentares para uma vida ativa e saudável (FAO, 1996; Abbasi et al., 2016). Quando se fala de alimentos, mil milhões é um número maravilhoso. Em todo o mundo, mil milhões de pessoas vivem em situação de insegurança alimentar (Giger et al, 2009). A insegurança alimentar ou a incapacidade de aceder aos alimentos é a forma mais fundamental de privação humana (M. Ghoochani & Ghanian, 2013). A insegurança alimentar é um problema que deveria ser combatido até 10 anos após a Conferência Mundial da Alimentação (1974), mas ainda existe de forma deplorável em todo o mundo. A este respeito, os Objectivos de Desenvolvimento do Milénio, que estabelecem que metade da população mundial com fome deve ser reduzida até 2015, mostraram-se algo promissores. No entanto, apesar de todos os esforços envidados para reduzir a insegurança alimentar global, as estatísticas publicadas em 2012 revelaram que existem 852 milhões de pessoas em situação de insegurança alimentar em todo o mundo. Deste modo, a agricultura, como principal responsável pela alimentação humana e animal, tornou-se mais importante do que nunca (Chopra & Kamma, 2005). Depois da Revolução Verde, o mundo está a viver a segunda revolução agrícola, ou seja, a "Revolução Genética" (Azadi et al., 2015). A biotecnologia moderna é o principal fator desta revolução (Ghanian et al., 2016). A biotecnologia é aqui entendida como qualquer aplicação tecnológica que utiliza sistemas biológicos, organismos vivos, ou seus derivados, para fazer ou modificar produtos ou processos para uso específico (Healy, 2002; Mnyulwa & Mugwagwa, 2005; Koester, 2012; Nistor, 2012). A biotecnologia tem muitas aplicações na ciência, na indústria, na medicina e na agricultura (FAO, 2012). No entanto, a biotecnologia agrícola é uma tecnologia moderna que se apresentou como uma indústria consolidada no mundo que pode melhorar a qualidade de vida, especialmente nos países em desenvolvimento (Ghanian et al., 2017). A biotecnologia causou uma revolução genética para combater a pobreza alimentar e a fome (Chopra & Kamma, 2005; Qaim, 2010; Azadi & Ho, 2010; Hosseini et al, 2012) e oferece uma grande esperança para proporcionar segurança alimentar e saúde ao mundo (Shajie et al, 2006). Com a modificação dos genes das plantas, os cientistas podem criar uma variedade diferente com características diferentes. Os organismos que foram geneticamente modificados pela engenharia genética são conhecidos como *organismos geneticamente modificados* (OGM) (Stilwell & Van Dyke, 1999; Van eenennaam, 2005; Amin et al, 2011; FAO, 2012). Alguns académicos (Amin et al, 2005; Amin et al, 2006; Arantes-Olivera, 2007; Amin et al, 2011) acreditam que a biotecnologia desempenha um papel importante na aceleração da transformação de um país numa nação altamente industrializada até 2020. Os defensores da biotecnologia sugerem que os alimentos geneticamente modificados podem fornecer soluções para os problemas actuais da agricultura convencional (Runge e Jackson, 2000; IUCN, 2007; Ghasemi et al, 2013). Atualmente, a grande quantidade de pesticidas não só ameaça o ambiente agrícola, como também destrói certos organismos úteis no solo (Bao-Rong, 2006). As culturas geneticamente modificadas reduzem a necessidade de herbicidas e pesticidas; além disso, reduzem o custo de produção, o que, por sua vez, aumenta o rendimento e proporciona um ambiente favorável aos animais e aos seres humanos (M. Ghoochani et al., 2013). Além disso, as culturas GM melhoram os aspectos de qualificação dessas culturas, como a maior resistência à secura e ao excesso de humidade, o tempo de conservação, o sabor, o valor nutricional e a cor (World hunger, 2003; Yohe, 2009; Buah, 2011; Ghasemi et al, 2013). Actuam como uma fonte renovável baseada no sistema solar e ajudam em produtos farmacêuticos (Nap et al, 2003; Hosseini et al, 2011). As culturas GM poderiam revolucionar a agricultura mundial, particularmente nos países em desenvolvimento, de forma a reduzir substancialmente a desnutrição, melhorar a segurança alimentar e aumentar o rendimento rural, o que, por sua vez, reduz os poluentes ambientais (Bao-Rong, 2006; Goyal & Gurtoo, 2011). Embora as culturas GM sejam conhecidas pelos seus benefícios, existem preocupações de que as culturas GM tenham as suas deficiências. Por exemplo, os efeitos indesejáveis sobre outros organismos, a criação de super-ervas daninhas, o fluxo de genes para variedades não visadas, especialmente nas culturas Bt, as preocupações com a higiene, como a alergenicidade, especialmente em crianças, a poluição ambiental, a polinização cruzada, a possível criação de novos vírus e toxinas, o acesso limitado às sementes devido ao patenteamento de plantas GM, a ameaça à diversidade genética das culturas, as preocupações religiosas, culturais e éticas e também as consequências desconhecidas são relatadas por muitos estudiosos (Zarrilli, 2005; Bazuin et al, 2011; Nap et al, 2003. Whitman, 2000; Ghasemi et al, 2012; Stephen, 1998; Peterson et al, 2000; Qaim & Matuschke, 2005; Zarrilli, 2005; Kameswara Rao, 2006; Uzogara, 2000;

Yohe, 2009; Ruane & Sonnino, 2006; IAASTD, 2009; Withman, 2000). Como se pode observar, apesar dos seus benefícios, a tecnologia tem suscitado muitos debates sobre os seus aspectos ecológicos, tecnológicos, políticos, socioeconómicos e jurídicos (Azadi & Ho, 2010; Ghasemi et al, 2013; Ghanian et al., 2017). Por conseguinte, continua a ser questionável se as culturas GM podem ou não resultar numa revolução na agricultura?

Entre as plantas alimentares, o arroz é o principal alimento para metade da população mundial, particularmente nos países em desenvolvimento. O arroz é cultivado quase exclusivamente para consumo humano (M. Ghoochani et a., 2016). No Irão, o arroz, a seguir ao trigo, é o segundo principal componente dos alimentos enquanto bem essencial (Shakeri & Garshasbi, 1387) e é cultivado em meio milhão de hectares (IRRA, 2013), pelo que é muito importante prestar-lhe atenção. A produção de arroz enfrenta problemas graves, como pragas de insectos e doenças fúngicas. As pragas de insectos mais importantes do arroz são a broca do caule. Atualmente, o país utiliza 30 quilogramas de Diazinon por hectare para a plantação de arroz. Este veneno, devido à sua solubilidade na água, contamina as águas subterrâneas (Moudi et al, 2005). Devido às pragas, 10 por cento da produção de arroz perde-se todos os anos. Para fazer face a estas pragas, em 2006, Ghareyazi et al. conseguiram produzir arroz geneticamente modificado de Tarom Mowla'ii, designado "arroz Bt". Este arroz Bt, para além das boas características do Tarom Mowla'ii, é resistente à broca do caule e tem uma vasta gama de cultivo, o que, para além do aumento significativo do seu desempenho, permitirá ultrapassar os problemas da utilização de pesticidas. Depois de os investigadores iranianos terem anunciado que o arroz geneticamente modificado resistente a insectos está pronto para ser oferecido aos agricultores (ISAAA, 2005), nenhum país muçulmano e do Médio Oriente deixou de anunciar a sua disponibilidade para fornecer culturas geneticamente modificadas ao mercado (Ghareyazi, 2005). No entanto, de acordo com algum ceticismo, este produto foi recolhido no mercado das sementes. As culturas GM são atualmente um tema quente nos círculos académicos e políticos devido às suas implicações para a segurança alimentar, o crescimento económico e a distribuição de rendimentos, a saúde humana, o ambiente e o comércio agrícola (Ghasemi et al, 2012). A tendência da globalização e a necessidade de mais alimentos podem fornecer o contexto para a sua utilização. A este respeito e devido a isso, um dos principais factores de difusão de novas tecnologias é o desempenho robusto do seu sector de extensão agrícola (Mwangi, 1998), é necessário tomar algumas medidas a este respeito, particularmente a realização de alguns programas em linha com a formação de funcionários de extensão agrícola e educação e agricultores (FAO, 2005).

Cada novo fenómeno, especialmente no domínio da alimentação e da saúde da sociedade, necessita de uma avaliação exaustiva por parte dos decisores. Diferentes grupos e organizações têm autoridade no sector da alimentação e da saúde da população (M. Ghoochani et al., 2016). Terão sido acordadas e discordadas perspectivas sobre as culturas GM em geral e o arroz Bt, em particular, pelo que a compreensão e a sensibilização para os pontos de vista e opiniões podem ajudar os planeadores a planear e gerir o desenvolvimento e a utilização de culturas GM. Por conseguinte, é muito importante dispor de um quadro teórico para avaliar as perspectivas das partes interessadas.

Capítulo 2. Culturas geneticamente modificadas e arroz Bt

A agricultura e os desafios globais

A fim de aumentar a redução sustentável da pobreza, o crescimento económico com aumento do emprego e do rendimento é uma estratégia fundamental. Três quartos das pessoas mais pobres do mundo vivem em zonas rurais (Ravallion & Chen, 2007). Para atingir com êxito os Objectivos de Desenvolvimento do Milénio (ODM), que estabelecem que a fome e a pobreza devem ser reduzidas para metade até 2015, é fundamental que os países em desenvolvimento e a maioria das populações rurais pobres disponham de uma agricultura produtiva e rentável e de serviços conexos. Em todo o mundo, a agricultura representa cerca de 40% do PIB, 35% das exportações e 50-70% do emprego total nos países de baixos rendimentos (Asenso-Okyere & von Braun, 2009). Infelizmente, em muitas partes dos países em desenvolvimento, o crescimento da agricultura é baixo (Asenso-Okyere & von Braun, 2009) e, a este respeito, o crescimento da agricultura e a instabilidade são atualmente objeto de um intenso debate nas economias mais agrícolas na literatura (Sawaneh et al, 2013).

Por outras palavras, as estimativas indicam que a população mundial atingirá cerca de 9 mil milhões de pessoas até 2050 (Sharma, 2012). Com esta taxa de crescimento constante da população, os recursos naturais e o desenvolvimento da agricultura estão sujeitos a uma grande pressão e a proteção do ambiente tornou-se mista (Banco Mundial, 2008). Com este aumento da população, a agricultura, como principal responsável pela alimentação humana e animal, tornou-se mais importante do que nunca (Chopra & Kamma, 2005). A insegurança alimentar é um problema mundial (Mohamadpour et al, 2012). É definida como o acesso restrito ou incerto, do ponto de vista nutricional, a alimentos adequados e seguros ou a capacidade limitada ou incerta de obter alimentos aceitáveis de formas socialmente aceitáveis (Daneshi-Maskooni et al, 2013). Este desafio está atualmente entre as preocupações mais graves para a saúde humana, causando a perda de inúmeras vidas nos países em desenvolvimento. Para sermos saudáveis, a nossa dieta diária deve incluir uma grande quantidade de alimentos de alta qualidade com todos os nutrientes essenciais, para além de alimentos que proporcionem benefícios para a saúde para além da nutrição básica. Tendo em conta alguns problemas como a perda de terras aráveis e a prevalência de condições ambientais desfavoráveis, incluindo a seca, a salinidade, as inundações, as doenças, etc., manter a quantidade de alimentos per capita será uma tarefa cada vez mais difícil no futuro. Para garantir a segurança alimentar, é necessário mais do dobro de alimentos para as gerações futuras do que atualmente, apesar das condições ambientais adversas previstas (Datta, 2013).

Algumas estimativas mostram que 800 milhões de pessoas ainda não têm acesso adequado a alimentos (Butz & Wu, 2004; Nações Unidas, 2008). Não obstante, a quantidade de terra dedicada à agricultura manteve-se praticamente a mesma, exigindo que o sector agrícola mundial responda de forma criativa à procura de uma população crescente com um aumento da produção agrícola (Bloom, 2007; Bloom, 2010; Giger et al, 2009). A questão crítica continua a ser a forma como todas estas pessoas adicionais podem ser alimentadas (Bloom, 2007; Bloom, 2010).

O aparecimento de duas revoluções na agricultura

Hartwich e Jansen (2007) definem a inovação como uma nova ideia, prática ou objeto que é introduzido com sucesso nos processos económicos ou sociais. Na agricultura, isto pode incluir novos conhecimentos ou tecnologias relacionadas com a produção primária, a transformação e a comercialização - tudo isto pode afetar positivamente a produtividade, a competitividade e os meios de subsistência dos agricultores e outros (Citado em Asenso-Okyere & von Braun, 2009). A inovação pode ser desenvolvida para adoção, ou pode evoluir endogenamente a partir do sistema. Um meio importante de sobrevivência nas zonas rurais pobres e vulneráveis é a inovação através da experimentação e adaptação locais na agricultura (Berdegué, 2005). No entanto, não basta que as pessoas pobres sejam agentes do seu próprio desenvolvimento. É preciso complementá-lo com conhecimentos científicos e utilizá-los para inovar na agricultura. Como parte do Sistema Nacional de Investigação Agrícola (NARS), as universidades podem desempenhar um papel crucial na revitalização da agricultura dos países em desenvolvimento (Asenso-Okyere & von Braun, 2009).

Nos últimos 40 anos, registaram-se duas vagas de desenvolvimento e difusão de tecnologias agrícolas nos países em desenvolvimento. A primeira vaga foi iniciada pela Revolução Verde, em que uma estratégia explícita de desenvolvimento e difusão de tecnologias dirigida aos agricultores pobres dos países pobres tornou o germoplasma melhorado disponível gratuitamente como um bem público (Pingali & Raney, 2005).

A Revolução Verde, ao utilizar variedades de culturas de elevado rendimento desenvolvidas através de práticas convencionais de melhoramento vegetal e de agroquímicos, foi a causa do aumento da produtividade das culturas em alguns países. No entanto, para a crescente procura mundial de alimentos, o melhoramento vegetal convencional já não consegue dar resposta (Datta, 2013). Não obstante, a quantidade de terra dedicada à agricultura manteve-se praticamente a mesma, exigindo que o sector agrícola mundial responda de forma criativa à procura do aumento da população com o aumento da produção agrícola (Bloom, 2007; Giger et al, 2009; Bloom, 2010). Após a Revolução Verde, o mundo viveu recentemente a segunda revolução agrícola, ou seja, a "Revolução Genética". A biotecnologia moderna é o principal investimento desta revolução recente (Mancini & Mancini, 2006) e é entendida como a aplicação de técnicas científicas para modificar e melhorar plantas, animais e microrganismos para aumentar o seu valor (Wieczorek, 2003). Esta tecnologia, na crença de alguns como Amin et al, (2005; 2006; 2011) e Arantes-Olivera, (2007), foi identificada como uma tecnologia central que pode acelerar a transformação de um país numa nação altamente industrializada até 2020. A engenharia genética é um dos domínios mais inovadores da ciência e da tecnologia, e as suas realizações são utilizadas para o desenvolvimento de uma bioeconomia baseada no conhecimento (DeFrancesco, 2013). A biotecnologia é aqui entendida como qualquer aplicação tecnológica que utilize sistemas biológicos, organismos vivos ou seus derivados, para fabricar ou modificar produtos ou processos para uma utilização específica (Healy, 2002; Mnyulwa & Mugwagwa, 2003; Koester, 2012; Nistor, 2013).

Culturas geneticamente modificadas versus culturas clássicas

Historicamente, as experiências genéticas têm sido feitas pelo homem há séculos, sob a forma de cruzamento de plantas e animais, com o objetivo de os tornar melhores para uso industrial e consumo humano. Atualmente, as modificações genéticas estão a ser feitas de forma científica, utilizando técnicas avançadas, que manipulam e multiplicam genes seleccionados, mesmo quando esses genes provêm de uma espécie diferente da espécie recetora (Ghasemi et al, 2013). Tanto as culturas de reprodução clássica como as culturas GM são criadas através de diferentes meios de tecnologia de transferência de genes (Prakash, 2001). No entanto, na criação clássica, milhares de genes não caracterizados de um organismo podem estar envolvidos, enquanto um número de mudanças genéticas pela tecnologia GM é pequeno e bem definido. Além disso, as culturas geneticamente modificadas resultam de alterações muito específicas e orientadas do genoma, em que os produtos finais, como as proteínas, os metabolitos ou o fenótipo, são bem caracterizados. No entanto, no melhoramento tradicional, os genomas de ambos os progenitores são misturados e reordenados aleatoriamente. Este processo é muito moroso e trabalhoso e nem sempre é economicamente prático (Datta, 2013).

Quais são os benefícios da engenharia genética na agricultura?

Como tudo na vida, a engenharia genética tem os seus benefícios e riscos. Muito se tem falado sobre os potenciais riscos da tecnologia de engenharia genética, mas até à data existem poucas provas de estudos científicos sobre a realidade dos mesmos. Os organismos geneticamente modificados podem oferecer uma série de benefícios, de que se seguem alguns exemplos.

Aumento da produtividade das culturas

Algumas qualidades criadas, como a resistência a doenças ou à seca, criadas pela biotecnologia, ajudaram a aumentar a produtividade das culturas. Por exemplo, atualmente, os investigadores, ao transferirem o gene do vírus da mancha anelar da papaia para a papaia, criaram duas variedades de papaia resistentes ao vírus. As sementes destas duas variedades, denominadas "SunUp" e "Rainbow", têm sido distribuídas aos produtores de papaia desde 1998, ao abrigo de acordos de licenciamento. Para climas secos, em que as culturas têm de utilizar a água da forma mais eficiente possível, pode ser eficaz. A este respeito, os genes de plantas naturalmente resistentes à seca podem ser transferidos para outras culturas para aumentar a tolerância à seca em muitas variedades de culturas (Wieczorek, 2003).

Proteção reforçada das culturas

Se as pragas não forem controladas, os rendimentos diminuirão drasticamente, pelo que os agricultores utilizam tecnologias de proteção das culturas (Gianessi & Carpenter, 1999). Uma tecnologia transgénica eficaz de proteção das culturas pode, em alguns casos, controlar as pragas melhor e mais barato do que outras tecnologias existentes. Durante décadas, uma proteína da bactéria do solo *"Bacillus thuringiensis (Bt)"* foi utilizada como ingrediente ativo de alguns insecticidas "naturais" (Conko & Prakash, 2005). Por exemplo, a transferência do gene Bt para o milho é a causa da resistência a certas pragas, e não apenas a parte da planta à qual o inseticida *Bt foi* aplicado. Por conseguinte, a nova tecnologia proporciona um controlo mais eficaz, pelo que os rendimentos aumentarão. Por outras palavras, as culturas Bt são adoptadas porque são menos dispendiosas do que outra tecnologia atual com um controlo equivalente (Wieczorek, 2003).

Melhoria do valor nutricional e do sabor

A engenharia genética, em alguns casos, permitiu novas opções para melhorar o sabor, a textura dos alimentos e o valor nutricional (Uzogara, 2000).

Algumas culturas geneticamente modificadas em desenvolvimento incluem o arroz com a capacidade de produzir beta-caroteno, um precursor da vitamina A, o feijão com mais aminoácidos essenciais, a soja com maior teor de proteínas e a batata com mais amido nutricionalmente disponível e um melhor teor de aminoácidos (Hsieh & Ofori, 2007; Nwogbo-Egwu, 2014). Ao aumentar a atividade das enzimas vegetais que transformam os precursores do aroma em compostos aromatizantes, o sabor das culturas pode ser alterado. Atualmente, estão em curso ensaios de campo com melões e pimentos geneticamente modificados com um sabor melhorado (Wieczorek, 2003).

Produtos mais frescos

A engenharia genética pode resultar em propriedades de conservação melhoradas para facilitar o transporte de produtos frescos, dando aos consumidores acesso a alimentos integrais nutricionalmente valiosos e evitando a deterioração, os danos e a perda de nutrientes. Os tomates geneticamente modificados com amolecimento retardado podem ser amadurecidos na vinha e ser transportados sem contusões. Além disso, com a modificação do perfil de ácidos gordos de alguns alimentos, como os amendoins, o seu prazo de validade foi melhorado (Wieczorek, 2003).

Benefícios ambientais

A falta de conhecimentos suficientes para proteger o ambiente por parte dos agricultores levou à utilização excessiva de produtos químicos fitossanitários e de fertilizantes, o que, por sua vez, trouxe novos problemas para a comunidade (Chandra Goel, 2011). A engenharia genética resulta numa menor dependência dos pesticidas, o que, mais do que uma poupança para os agricultores, oferece alguns benefícios ambientais decorrentes da diminuição da utilização de pesticidas e insecticidas. Entre 1996 e 2010, foram aplicados menos 443 milhões de quilos de pesticidas (ingrediente ativo) nos campos devido às culturas geneticamente modificadas resistentes aos insectos (James, 2010). Menos pesticidas significa mais aves e insectos benéficos e menos contaminação da água por pesticidas. Além disso, sabe-se que a atual geração de culturas GM melhora a sustentabilidade da agricultura. As culturas tolerantes aos herbicidas melhoram a qualidade do solo e reduzem a perda de solo superficial. A sementeira direta mantém o solo na terra e a matéria orgânica e a água no solo. Reduz também as emissões de dióxido de carbono resultantes da lavoura. Esta redução equivaleu a retirar 9 milhões de automóveis da estrada em 2010. Além disso, as culturas Bt resistentes a insectos reduziram significativamente a utilização de pesticidas, tornando-as mais respeitadoras do ambiente em comparação com as suas congéneres convencionais (Vitale et al, 2010).

Quais são os possíveis riscos associados à utilização de culturas transgénicas na agricultura?

Para compreender os perigos das culturas geneticamente modificadas, incluindo os seus potenciais impactos a longo prazo, alguns investigadores e consumidores consideram que não foram feitos esforços suficientes. Alguns ambientalistas e grupos de defesa dos consumidores exigiram o abandono da investigação e do desenvolvimento da engenharia genética. Muitos indivíduos, confrontados com declarações contraditórias sobre as culturas geneticamente modificadas, sentem uma grande ansiedade. A quantidade mínima de informação ou, nalguns casos, a desinformação é a principal causa deste receio. As questões relacionadas com as preocupações das pessoas com a sua saúde e o bem-estar da nossa ecologia planetária têm de ser abordadas. Estas questões e receios podem ser divididos em três grupos: riscos para a saúde humana, perigos ambientais e preocupações económicas (Verma et al, 2011).

Questões relacionadas com a saúde

Alergénios e toxinas

As pessoas com alergias alimentares têm uma reação imunitária invulgar quando são expostas a proteínas específicas, denominadas alergénios, presentes nos alimentos (Gangal & Malik, 2003). Cerca de 2% das pessoas de todas as faixas etárias têm algum tipo de alergia alimentar. As pessoas com alergia alimentar reagem normalmente apenas a um ou alguns alergénios de um ou dois alimentos específicos. Existe o receio de que a introdução de um gene numa planta possa causar uma reação alérgica em indivíduos susceptíveis ou criar um novo alergénio (Adarighofua, 2013). Uma das principais preocupações de segurança suscitadas pela tecnologia de engenharia genética é o risco de introdução de alergénios e toxinas em alimentos que, de outro modo, seriam seguros. A Food and Drug Administration (FDA) verifica se os níveis de alergénios que ocorrem naturalmente nos alimentos produzidos a partir de organismos transgénicos não aumentaram significativamente acima da gama natural encontrada nos alimentos convencionais. Uma das causas mais graves de alergia alimentar é o amendoim e, atualmente, a tecnologia geneticamente modificada é utilizada para remover os alergénios deste alimento (Verma et al, 2011).

Resistência aos antibióticos

Os genes de resistência aos antibióticos são utilizados para identificar e rastrear uma caraterística de interesse que tenha sido introduzida nas células vegetais. Assim, os investigadores estarão a garantir que a transferência de genes durante a modificação genética foi bem sucedida (Adarighofua, 2013). Há preocupações de que estes genes possam recombinar-se inesperadamente com bactérias patogénicas no ambiente ou com bactérias que ocorrem naturalmente no trato gastrointestinal dos mamíferos que consomem alimentos GM. A presença de genes de resistência a antibióticos nos alimentos pode produzir efeitos nocivos. A ampicilina é um antibiótico utilizado para tratar uma variedade de infecções bacterianas em animais e humanos. Devido à preocupação de que o gene de resistência à ampicilina possa ser transferido do milho Bt para as bactérias, tornando a ampicilina um antibiótico muito menos eficaz contra as infecções bacterianas, alguns países europeus recusaram-se a permitir o cultivo do milho Bt (Bakshi, 2003). Os tratamentos com antibióticos comuns são uma preocupação médica crucial para alguns opositores da tecnologia de engenharia genética (Adarighofua, 2013). Além disso, os recentes avanços na engenharia genética não empregam a utilização de tais marcadores de seleção, sendo provável que a sua utilização venha a diminuir (Bakshi, 2003).

Efeitos desconhecidos na saúde humana

Pode parecer que muitos dos novos genes são a causa dos riscos para a saúde dos alimentos geneticamente modificados; por conseguinte, a remoção de genes das plantas pode levar à produção de características desejáveis/indesejáveis. Para obter efeitos vantajosos, a engenharia genética pode remover ou inativar intencionalmente alguns genes. Estes genes podem desempenhar outros papéis, pelo que a remoção de um gene pode ter um efeito prejudicial inesperado. Por exemplo, o café descafeinado pode ser produzido por engenharia genética. A remoção do gene da cafeína pode ter um efeito secundário indesejável. Grãos de café sem genes de cafeína podem ser a causa da contaminação por fungos produtores de aflatoxina, porque a cafeína inibe a síntese de aflatoxina (Bakshi, 2003; Verma et al, 2011).

Questões ambientais e ecológicas

Potencial fuga de genes e super-ervas daninhas

Os ambientalistas estão preocupados com os riscos ambientais das culturas geneticamente modificadas. As culturas resistentes a herbicidas e a insectos podem fazer polinização cruzada com espécies selvagens, criando assim, involuntariamente, super-ervas daninhas, especialmente em pequenos campos agrícolas rodeados de plantas selvagens. A transferência de genes pode ter consequências desconhecidas que ainda não são conhecidas. A invasão de super-ervas daninhas pode tornar-se potencialmente perturbadora dos ecossistemas naturais e reduzir o rendimento das culturas. Os opositores das culturas geneticamente modificadas acreditam que a toxina Bt, por exemplo, pode ameaçar os insectos benéficos ao entrar na cadeia alimentar (Uzogara, 2000). Outra preocupação a este respeito é o facto de, ao transferir o pólen de culturas resistentes ao glifosato para as ervas daninhas, estas poderem conferir resistência ao glifosato. Por outras palavras, a resistência a um herbicida específico não significa que a planta seja resistente a todos os herbicidas (Verma et al, 2011).

Impactos em espécies "não-alvo

Alguns ambientalistas continuam preocupados com os efeitos imprevistos e indesejáveis das culturas GM após a sua libertação. Embora as culturas GM sejam testadas, nem todos os impactos potenciais podem ser previstos. Por exemplo, o milho Bt produz um pesticida específico para matar apenas as pragas que se alimentam do milho (Kumar et al, 2008). No entanto, em 1999, os investigadores descobriram que o pólen do milho Bt podia matar as lagartas da borboleta monarca, que é inofensiva. No entanto, estudos de campo de acompanhamento em condições reais mostraram que é altamente improvável que as lagartas da borboleta-monarca entrem em contacto com o pólen do milho Bt (Verma et al, 2011).

Resistência aos insecticidas

Outra preocupação dos ambientalistas sobre a utilização da biotecnologia na agricultura é a questão da possível resistência aos insecticidas. Existe o receio de que a utilização em larga escala do Bt resulte na criação de resistência na população de pragas (Agbo et al, 2013). Como algumas populações de mosquitos desenvolveram resistência ao pesticida DDT, alguns investigadores receiam que os insectos se tornem resistentes ao Bt ou a outras culturas que tenham sido geneticamente modificadas (Verma et al, 2011).

Perda de biodiversidade

Muitos ambientalistas e agricultores estão preocupados com a perda de biodiversidade no ambiente natural. Por esta preocupação e pelo aumento da adoção de culturas convencionais no ambiente, no século passado, foram feitos grandes esforços para recolher e armazenar sementes do maior número possível de variedades de todas as principais culturas. A este respeito, a engenharia genética promoveu o conhecimento dos homens sobre o gene e a importância de preservar o material genético e a biotecnologia moderna também pretende assegurar que a manutenção do conjunto da diversidade genética das plantas cultivadas é necessária para a geração futura (Wieczorek, 2003).

Preocupações económicas

A introdução de alimentos ou culturas geneticamente modificadas no mercado é um processo dispendioso e moroso. Os defensores dos consumidores estão preocupados com o facto de o registo de patentes de novas variedades de plantas poder provocar o aumento do preço das sementes, uma vez que os pequenos agricultores não poderão comprar sementes para culturas geneticamente modificadas. A aplicação das patentes é também difícil, uma vez que os agricultores contestam o facto de terem cultivado involuntariamente variedades geneticamente modificadas. A este respeito, a introdução de um "gene suicida" nas plantas geneticamente modificadas é uma forma de combater a possível violação de patentes. Estas plantas seriam viáveis apenas durante uma estação de crescimento e produziriam sementes estéreis. Por outras palavras, os agricultores teriam de comprar sementes frescas todos os anos, o que é financeiramente desastroso para os agricultores (Verma et al, 2011).

As estatísticas globais das culturas geneticamente modificadas

As culturas geneticamente modificadas implicam modificações deliberadas do material genético de plantas ou animais, que são o resultado de esforços científicos (Chen & Li, 2007). A biotecnologia agrícola é muito promissora para aumentar o abastecimento alimentar mundial e melhorar a qualidade dos alimentos, podendo ajudar a resolver a crise alimentar global e diminuir significativamente a fome no mundo (Lipton, 2001). A este respeito, na última década, a utilização de OGM em aplicações alimentares e agrícolas registou um grande aumento. Desde o primeiro cultivo de culturas GM à escala comercial, em 1996, a sua área de cultivo aumentou rapidamente (Gray, 2012). A plantação em grande escala de culturas GM começou em 1996, a partir de 1,7 milhões de hectares (Ronald, 2011, Que et al, 2010) e a área global em que as culturas GM são cultivadas e testadas ultrapassou os 50 milhões de hectares em 2001. Este crescimento aumentou de forma intermitente para 134 milhões de hectares em 2009 (Kimenju et al, 2013). Em 2010, 148 milhões de hectares (10% da terra arável do mundo) em 29 países cobertos por culturas GM, (Lusser et al, 2012. ISAAA, 2010) entre os quais, 19 estavam em desenvolvimento e 10 eram nações industrializadas (ISAAA, 2012). Como mostra o Gráfico. 2.2, os países em desenvolvimento cultivaram perto de 50% (49,9%) das culturas biotecnológicas globais em 2011 e podem ultrapassar os países industrializados no total de hectares este ano (ISAAA, 2012). Entre os países em desenvolvimento, o Brasil, a Argentina, a Índia e a China são os maiores produtores de culturas biotecnológicas (Smale, 2012).

A maioria dos produtos geneticamente modificados (PGM) aprovados e libertados pode ser dividida em três grupos no que diz respeito ao transgene inserido: tolerância a herbicidas (73%), resistência a insectos (18%) e genes empilhados (9%)

(Referindo-se tanto à tolerância aos herbicidas como à resistência aos insectos) (Chen & Li, 2007).

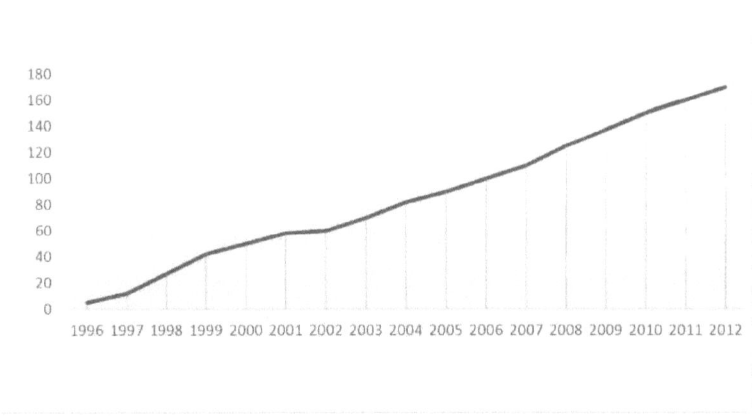

Gráfico 2.1- Área global de culturas biotecnológicas de 1996 a 2012 (milhões de hectares) Fonte: Clive James, 2012.

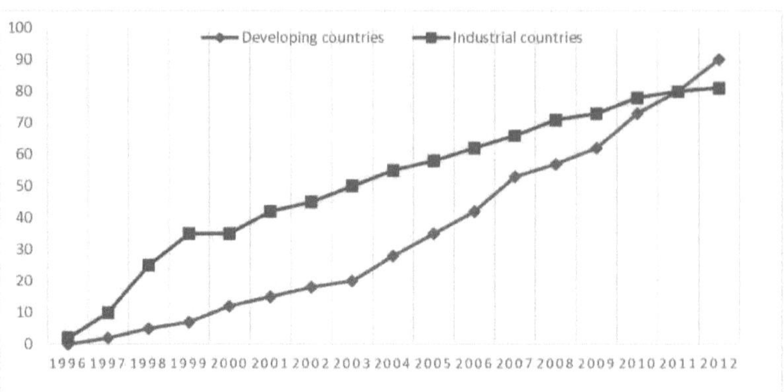

Figura 2.1- 18 mega-países biotecnológicos que cultivam 50 000 hectares, ou mais, de culturas biotecnológicas. Fonte: Clive James, 2012.

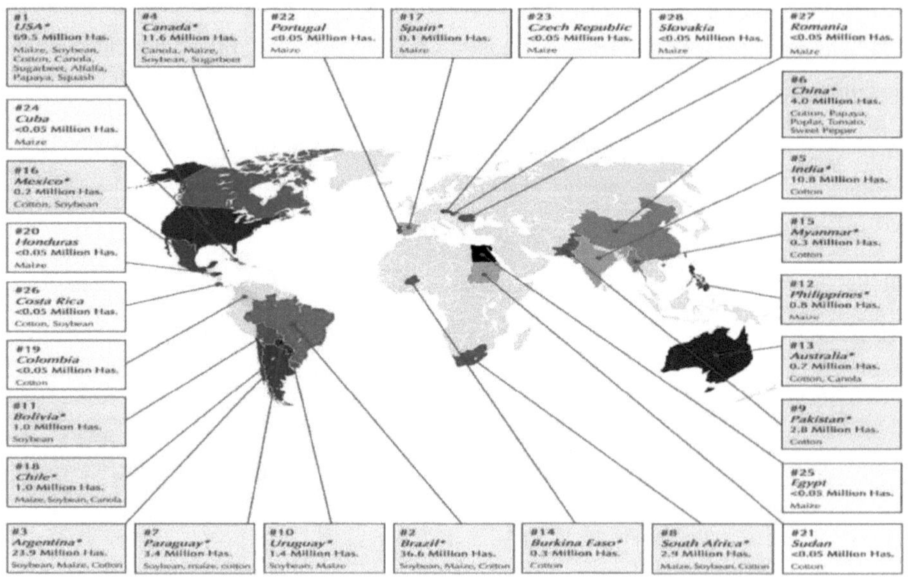

Gráfico 2.2- Superfície global de culturas biotecnológicas, 1996 a 2012: Países industriais e em desenvolvimento (milhões de hectares). Fonte: Clive James, 2012.

O gráfico acima mostra que as culturas biotecnológicas cobriram 170,3 milhões de hectares em 2012 em 28 países, plantados por um número recorde de 17,3 milhões de agricultores, de acordo com o Serviço Internacional para a Aquisição de Aplicações Agrobiotecnológicas (ISAAA), o que representa um aumento de 6% ou 10,3 milhões de hectares (25 milhões de acres) em relação a 2011.

O mundo precisa de mais arroz

Como já foi referido, a população mundial está a aumentar e, segundo as estatísticas actuais, atingirá 9 mil milhões de pessoas em 2050. A produção alimentar universal terá de aumentar em 70%, o que significa que a produção mundial de arroz e de milho terá de duplicar a partir dos mesmos recursos disponíveis. Os cereais são a fonte básica de alimentação e energia. Os principais cereais: aveia, milho, trigo, cevada, arroz, sorgo, painço e centeio fornecem 56% da energia alimentar e 50% das proteínas consumidas na Terra. A procura de cereais duplicará até 2050 para satisfazer as necessidades de uma população maciça (Figura 2.4) (Bakshi & Dewan, 2013).

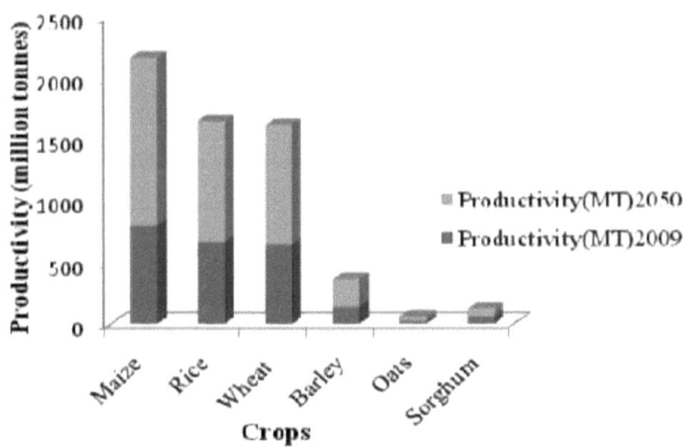

Gráfico 2.3- Necessidades de produtividade das principais culturas cerealíferas até 2050. Fonte: Bakshi & Dewan, 2013

Entre os cereais, o arroz é uma importante fonte de alimentação para mais de 3 mil milhões de habitantes da Terra, fornecendo 21% das calorias à população mundial. Na Ásia, onde mais de 90% do arroz do mundo é cultivado e consumido, pelo menos 30% da ingestão calórica diária provém do arroz. No entanto, o arroz é também uma das culturas mais severamente danificadas por insectos (Wang et al, 2013) e os desafios da segurança alimentar e o progresso da biotecnologia transgénica estimularam o rápido desenvolvimento do arroz geneticamente modificado (GM) (Bao-Rong, 2006).

Resistência dos insectos às pragas nas culturas de cereais geneticamente modificadas

As plantas cultivadas foram geneticamente modificadas para produzir proteínas da bactéria do solo *Bacillus thuringiensis* (Bt) que tornam as plantas resistentes a certas espécies de lepidópteros e coleópteros (Hellmich & Hellmich, 2012). As toxinas Bt são altamente específicas contra insectos sem afetar os predadores e outros insectos benéficos (Ibrahim & Shawer, 2014). A maioria dos tecidos das culturas Bt produz toxinas Bt. Os insectos susceptíveis que se alimentam destas culturas Bt são mortos (Bakshi & Dewan, 2013).

As toxinas Bt são também conhecidas como toxinas Cry porque existem como cristais no interior da bactéria. As toxinas Cry de comprimento total, até serem clivadas para gerar as suas formas activas no intestino médio do inseto, são inactivas. Acredita-se que a ligação das formas activadas das Crytoxins aos receptores no intestino médio é geralmente essencial para a toxicidade e é a causa da criação de poros nas membranas do intestino médio, provocando a fuga do intestino e, em última análise, matando as larvas (Lemaux, 2009). Antes do desenvolvimento das culturas Bt, os pulverizadores Bt eram utilizados para o controlo de insectos e continuam a ser amplamente utilizados. O longo historial de utilização de sprays Bt permitiu que a Agência de Proteção Ambiental (EPA) e a Food and Drug Administration (FDA) considerassem décadas de exposição humana na avaliação da segurança humana antes de aprovarem as culturas Bt para utilização comercial. Além disso, foram efectuados numerosos testes de toxicidade e alergenicidade com muitos tipos diferentes de toxinas Bt de ocorrência natural. Os testes e o historial de pulverização de toxinas Bt nas culturas foram a razão para a conclusão de que o milho Bt é tão seguro como o seu equivalente convencional e, por conseguinte, não afectaria negativamente o ambiente ou a saúde animal e humana (Ronald, 2011).

Os Estados Unidos da América iniciaram a libertação comercial do milho Bt em 1996, seguindo-se o Canadá em 1997 e, posteriormente, a adoção do milho transgénico em quatro países: África do Sul, Espanha, Argentina e França. Em 2009, o milho Bt foi alargado a 35 milhões de hectares em mais de 15 países. Cinco países - Argentina, África do Sul, Canadá, EUA e Filipinas - têm as maiores áreas cultivadas de milho Bt. O milho Bt oferece benefícios ambientais e económicos (Bakshi & Dewan, 2013).

Um inquérito realizado na África do Sul indicou que os agricultores que cultivam milho Bt, em comparação com os agricultores que cultivam milho convencional, obtiveram um rendimento entre 7% e 12% superior em 1999-2001. Além disso, a redução dos custos dos pesticidas provocou um aumento significativo dos rendimentos, que passaram de 25,23 para 156,40 dólares por hectare. Um resultado semelhante foi registado nos EUA, na Índia e em

Espanha (Gomez-Barbero, & Rodriguez-Cerezo, 2007). Também Gruère & Sun (2012) mostraram que, embora o algodão Bt tenha contribuído significativamente para o crescimento do rendimento do algodão (com um aumento anual do rendimento de 0,29-0,39 % por percentagem de adoção, ou um aumento total de 19 % de 1975 a 2010), outros factores-chave para além da caraterística Bt tiveram um efeito significativo, especialmente a utilização de fertilizantes e sementes híbridas.

O cultivo de culturas Bt reduz a utilização de insecticidas químicos, proporcionando assim benefícios ambientais e económicos que conduzem a uma produção agrícola sustentável. O cultivo de culturas Bt também abriu o caminho para uma agricultura sustentável, apoiando a população de invertebrados não visados (insectos, ácaros, aranhas e espécies afins) nos campos de milho e algodão Bt do que nos campos de culturas convencionais geridos com insecticidas. Os benefícios das culturas *Bt* também foram bem documentados em países menos desenvolvidos, por exemplo, os agricultores indianos e chineses que cultivam culturas GM foram capazes de reduzir drasticamente o seu uso de insecticidas (Bakshi & Dewan, 2013).

Entre as culturas alimentares, o arroz é a mais importante e alimenta mais de metade da população mundial. As perdas de rendimento das culturas de arroz ocorreram principalmente devido à infestação de brocas do caule e estimam-se em 5-10% (Bouman, et al., 2007). A aplicação de pesticidas químicos é o principal método de controlo dos insectos no arroz. A grande utilização de insecticidas, para além de aumentar o custo de produção, ameaça a saúde humana e polui o ambiente (Bakshi & Dewan, 2013). Devido à indisponibilidade de fontes eficazes de resistência contra a broca do caule listrada (*Chilo suppressalis*), a broca amarela do caule (*Tryporyza incertulas*) e a broca da folha (*Cnalhalocrocis medinalis*), as abordagens convencionais de melhoramento de plantas não foram bem sucedidas. Alguns genes apropriados e adequados de resistência a insectos foram identificados e isolados de microrganismos, plantas e animais. O gene de Bt foi transferido e expresso com êxito em diferentes variedades de arroz (ver quadro 2-1). O arroz geneticamente modificado resistente aos insectos, desenvolvido com o gene Bt, foi testado em condições de campo. Os genes Bt mais frequentemente utilizados são Cry1A, Cry1Ac e Cry1Ab e o gene de fusão Cry1Ab/Ac (ver quadro 2-1). Estas linhas de arroz Bt mostraram resistência contra a broca do caule estriado, a broca amarela do caule e a broca das folhas. O arroz Bt, com um aumento médio de rendimento de 8% e uma redução de 80% na utilização de insecticidas, oferece o potencial de gerar benefícios de 4 mil milhões de dólares por ano. A primeira transformação de arroz geneticamente modificado resistente a insectos foi feita em 1989 na China. A experiência tem demonstrado os benefícios das culturas geneticamente modificadas resistentes a insectos em termos de redução de insumos químicos, melhoria da saúde dos agricultores e dos consumidores e aumento dos rendimentos (Bakshi & Dewan, 2013). Um marco histórico foi alcançado em 2005, quando 21 países cultivaram culturas biotecnológicas, um aumento significativo em relação aos 17 países de 2004. Em particular, dos quatro novos países que produziram culturas biotecnológicas em 2005, em comparação com 2004, três eram países da UE, a República Checa, a França e Portugal, e o quarto era o Irão. O arroz Bt, formalmente lançado no Irão em 2004, foi cultivado em cerca de 4.000 hectares em 2005 por várias centenas de agricultores que iniciaram a comercialização de arroz geneticamente modificado no Irão e produziram sementes para comercialização total em 2006. O arroz Bt foi desenvolvido pelo Instituto de Investigação em Biotecnologia Agrícola de Karaj e foi oficialmente lançado no Irão em 2004, em 2.000 hectares. O Irão é um dos maiores importadores de arroz do mundo e importa cerca de 1 milhão de toneladas por ano. O Irão e a China são os países mais avançados na comercialização de arroz biotecnológico, que é a cultura alimentar mais importante do mundo, cultivada por 250 milhões de agricultores, e o principal alimento dos 1,3 mil milhões de pessoas mais pobres do mundo, na sua maioria agricultores de subsistência. Assim, a comercialização do arroz biotecnológico tem enormes implicações para a redução da pobreza, da fome e da subnutrição, não só para os países produtores e consumidores de arroz na Ásia, mas também para todas as culturas biotecnológicas e para a sua aceitação a nível mundial. A China já testou o arroz biotecnológico no terreno em ensaios de pré-produção e espera-se que aprove o arroz biotecnológico a curto prazo (ISAAA, 2012).

Quadro 2.1 Linhas de arroz Bt com diferentes genes Cry para resistência contra insectos lepidópteros (Fonte: Bakshi & Dewan, 2013)

Gene	Promotor	Cultivar
Cry1Ab	Ubiquitina	KMD1, KMD2
Cry1Ac	Ubiquitina	Elite Eyi 105, Bengala
Cry1Ac	Ubiquitina	IR64, Pusa Basmati-1, Kamal local
Cry1Ab, Cry1Ac	Ubiquitina	Basmati370
Cry1Ab	CaMV35S	IR58
Cry1Ab	CaMV35S, Actina-1, Específico do	IR72, IR64, CBII, Taipei-309, IR 68899B,

	tecido da medula, PEPC	MH-63-63, IR5 1500-AC11, Vaideh-1, IRRI-npt
Cry1Ac	PEPC	Tarom Molaii
Cry1Ac	Ubiquitina	IR64
Cry1Ab	CaMV35S	Vaidehi, TCA-48
Cry2A	CaMV35S	Basmati-370, M-7
Cry1Ab, Cry1Ac	Ubiquitina	Kaybonnet, Nipponbare, Zhong8215, 93VA, ZAU16, 91RM, T8340, Pin92-528, T90502
Cry1Ab	CaMV35S	Taipé-309
Cry1Ab	Específico do pólen, Ubiquitina, PEPC	Basmati370
Cry1B	Ubiquitina	Ariete, Sénia
Cry1B	Inibidor da proteinase do milho	Ariete
Cry1Ab/ Gene híbrido Cry1Ac	Actina-1	CMS restabelece Minghui63, Shanyou 63

O Irão e o arroz Bt

Entre os cereais, o arroz é um alimento básico para metade da população mundial, especialmente nos países em desenvolvimento. Devido a insectos e fungos, a produção de arroz é problemática. A praga de insectos mais importante do arroz é a broca do caule. A broca do caule (*Chilo suppressalis*) é o inseto mais importante no Irão e nas zonas temperadas da China. Para combater esta praga, Ghareyazie et al, (2005) produziram arroz transgénico "Tarom Molayi", conhecido como "arroz Bt". Este arroz, para além das boas características do Tarom Molayi, é também resistente à broca do caule e o seu cultivo em grande escala e à escala comercial é a causa de um aumento dramático do rendimento e da diminuição dos problemas de pesticidas (Citado em IRRA, 2013).

O arroz é um dos principais alimentos básicos no Irão, cultivado numa área de meio milhão de hectares no país (IRRA, 2013), pelo que é muito importante prestar atenção a esta cultura. Quando os investigadores anunciaram que o arroz transgénico iraniano resistente a insectos (arroz Bt) estava pronto para ser oferecido aos agricultores (ISAAA, 2005), nenhum dos países muçulmanos e do Médio Oriente anunciou a sua disponibilidade para oferecer culturas ao mercado consumidor, mas devido a algum ceticismo, esta semente foi retirada do mercado. Este produto geneticamente modificado foi uma das honras e realizações nacionais em ciência e tecnologia da República Islâmica do Irão em todo o mundo e, hoje em dia, este tipo de culturas é um dos temas quentes nos círculos académicos e políticos, com o objetivo de as utilizar para criar segurança alimentar, crescimento económico, distribuição de rendimentos, saúde humana, ambiente e mercados agrícolas (Ghasemi et al, 2013). Depois do trigo, o arroz é o segundo elemento mais importante da alimentação e ocupa um lugar de destaque na fileira dos produtos básicos (Shakery & Garshasbi, 2008). O Irão, como se pode ver no gráfico abaixo, alinhou com a União Europeia produzindo 0,4% do arroz mundial (Green Peace International, 2006).

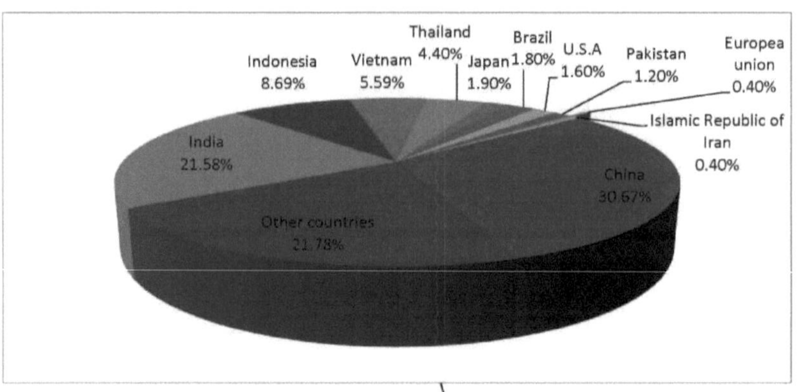

Gráfico 2.4 Distribuição da produção de arroz no mundo (Green Peace International, 2006)

No Irão, com uma população de mais de 74,7 milhões de habitantes, 563 mil hectares de terra arável são dedicados ao cultivo do arroz (IRRI, 2013). O consumo de arroz de 491 milhões de toneladas em 1960 atingiu 3.500 milhões de toneladas em 2012, e a sua taxa de produção de 472 milhões de toneladas atingiu 1.550 milhões de toneladas no mesmo período (Index Mundi, 2013), e agora o Irão é considerado um dos mais importantes importadores mundiais deste produto (Shobha Rani, 1998).

No Irão, o arroz é produzido em 21 províncias e as mais importantes são Mazandaran, Gilan, Khuzestan, Fars, Isfehan e Kohkiluye Buyerahmad (Dashti, 2012). O arroz é a cultura de verão mais importante na província de Khuzestan. Segundo as estatísticas, em 2004, a área cultivada de arroz nesta província era de 51 mil hectares (Absalan & Gilany, 2005) e em 2011 atingiu 59 mil hectares, o que representou 10% da produção de arroz do país (Ministério da Agricultura, 2012).

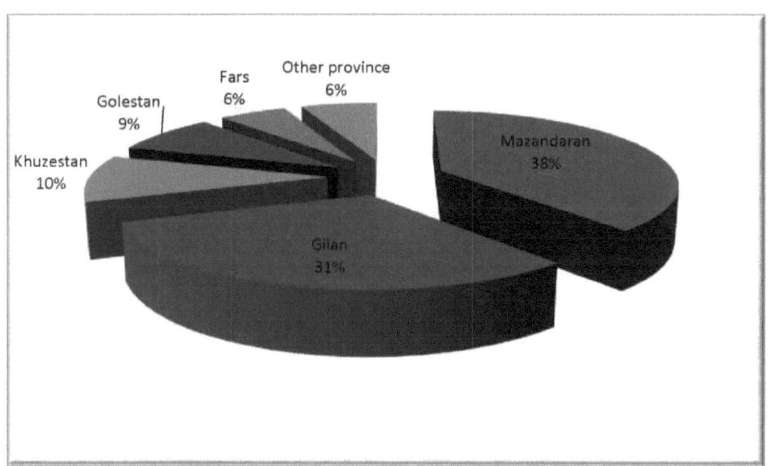

Gráfico 2.5 Área cultivada de arroz no Irão (Fonte: Ministério da Agricultura do Irão, 2012)

Atualmente, no país, para plantar arroz por hectare, são utilizados 30 kg de veneno Dyaznvn e, como este veneno está a ser dissolvido na água, a poluição das águas subterrâneas aumentou. Todos os anos, 10% da produção de arroz é perdida devido a pragas que, com o cultivo de arroz Bt, para além de evitar a contaminação dos recursos hídricos subterrâneos, evita o pesticida de 200 mil toneladas de arroz, o que poupará muito dinheiro (Shobha Rani, 1998).

Capítulo 3. Proposta de um quadro teórico

Revisão da literatura

Morris & Adley (2000) realizaram um inquérito com o objetivo de explorar as percepções e atitudes dos cientistas académicos universitários irlandeses relativamente a questões relacionadas com os alimentos GM. Verificaram que a maioria dos inquiridos afirmou que não deveria haver uma proibição total imediata de todos os alimentos GM e da sua produção. A maioria dos inquiridos considera improvável que, nos próximos 20 anos, se verifique uma redução substancial da fome no mundo, devido aos desenvolvimentos da biotecnologia moderna. Os inquiridos também concluíram que a posição dos representantes da comunidade científica irlandesa é favorável aos alimentos geneticamente modificados.

Baumann et al (2002) realizaram uma pesquisa qualitativa na Austrália Ocidental entre produtores de grãos. Concluíram que existe uma falta substancial de comunicação e cooperação entre os principais grupos de interessados no processo de comercialização de culturas GM. Afirmaram também que, para eliminar as preocupações dos agricultores, aumentar o lucro dos agricultores e, para além disso, aumentar o potencial de exportação do país, é necessário incorporar os conhecimentos indígenas nos conhecimentos científicos. Por conseguinte, afirmaram ser necessário reforçar a comunicação e a cooperação, a fim de aumentar a confiança do público, e que o governo deve assumir o controlo e a gestão das plantas transgénicas de uma forma sólida.

Patch et al, (2005) realizaram uma investigação para identificar a natureza, a força e a importância relativa das influências nas intenções de consumir alimentos enriquecidos com ácidos gordos ómega 3, utilizando a Teoria do Comportamento Planeado (TPB) na Austrália. Verificaram que os construtos do modelo TPB eram um fator determinante significativo da intenção. Na sua investigação, a atitude foi um determinante significativo da intenção, ao passo que as normas subjectivas e as crenças de controlo não o foram.

Nos inquéritos realizados por Chern (2006) sobre a aceitação dos alimentos GM por parte dos consumidores, verificou-se que existem diferenças no conhecimento, na perceção do risco e na aceitação dos alimentos GM no Japão, Noruega, Espanha, Taiwan e Estados Unidos. Havia opositores e defensores dos alimentos GM. Os resultados do inquérito indicaram que os consumidores destes países tendiam a não ter conhecimentos específicos sobre alimentos GM ou OGM. Em geral, os consumidores do Japão e dos EUA estavam mais informados do que os da Noruega, Espanha e Taiwan.

Angulo & Gil (2007) realizaram um inquérito telefónico para analisar as atitudes dos consumidores e a aceitabilidade dos produtos alimentares geneticamente modificados em Espanha. Concluíram que o comportamento do consumidor é estimado por uma espécie de cadeia causal entre o grau de conhecimento, as atitudes e as intenções de compra. Afirmaram também que os consumidores com um nível de educação mais elevado estão mais preocupados com a informação da rotulagem e menos com o preço.

Na investigação de Chen & Li (2007), realizada entre os consumidores de Taiwan, verificou-se que a atitude geral e a confiança nos institutos e cientistas que efectuam a manipulação genética têm um impacto positivo nos benefícios percebidos, mas o conhecimento tem um impacto negativo nos riscos percebidos da aplicação da tecnologia genética para produzir produtos alimentares. Além disso, descobriram que a atitude do consumidor em relação aos alimentos geneticamente modificados é determinada principalmente pela perceção dos benefícios do consumidor.

Chen (2007) realizou uma investigação com o objetivo de esclarecer os antecedentes relacionados com o grau de adoção e a intenção de compra de alimentos geneticamente modificados pelos consumidores de Taiwan. Nesta investigação, utilizou um quadro baseado no Modelo de Atitude e na Teoria do Comportamento Planeado (TPB), recorrendo à equação estrutural. Os resultados revelaram que o construto "atitude em relação aos alimentos geneticamente modificados" serve de ponte para ligar o Modelo de Atitude e o Modelo de Intenção Comportamental, a fim de estabelecer um quadro de investigação integrado e de esclarecer a forma como os consumidores formam as suas atitudes e manifestam intenções de compra em relação aos alimentos geneticamente modificados.

Yawson et al, (2008) realizaram um inquérito às partes interessadas no Gana para avaliar as percepções do público e a aceitação das biotecnologias agrícolas. Entrevistaram a perceção do meio académico, organizações não governamentais, comunidade empresarial, governo e outras partes interessadas. Verificaram que metade da amostra entrevistada não aceitava as biotecnologias em geral e os alimentos geneticamente modificados, em particular; verificaram também que os inquiridos estavam preocupados com os riscos da biotecnologia para a saúde e o ambiente.

Gonzâlez et al, (2010) examinaram os factores que afectam as posições das partes interessadas em relação às culturas geneticamente modificadas (GM) no Brasil, tanto em geral como no caso da mandioca GM em particular. Verificaram que a maioria das partes interessadas tem atitudes positivas em relação às culturas GM e que uma elevada percentagem concorda com a introdução de culturas GM; no entanto, um número significativo de partes interessadas é contra esta introdução.

Naeemi et al, (2010) realizaram uma pesquisa para investigar as atitudes dos peritos em biotecnologia em centros universitários da província de Teerão, no Irão, em relação à aplicação de plantas transgénicas. Verificaram que 44,5% das atitudes dos peritos em relação à utilização de plantas transgénicas eram "positivas" ou "relativamente positivas" e que as atitudes dos outros peritos eram "negativas" ou "relativamente negativas". Constataram também que o fator educativo e de extensão eficaz para a utilização de plantas transgénicas eram os meios de comunicação social. Os resultados mostraram que existe uma diferença estatisticamente significativa entre as atitudes dos homens e das mulheres em relação à utilização de plantas transgénicas. Os resultados revelaram também que os aspectos ecológicos e de saúde e higiene foram os factores que mais afectaram a atitude dos peritos.

Shauri et al, (2010) realizaram uma investigação para avaliar a perceção pública das culturas e alimentos geneticamente modificados (GM) no Quénia. No seu estudo, foram seleccionados quatro grupos compostos por consumidores em geral, agricultores, académicos e pessoas com recursos. Verificaram que mais de metade dos inquiridos tinham percepções positivas em relação às culturas e aos alimentos geneticamente modificados. Verificaram também que o género tem um impacto impressionante na perceção dos OGM e que as mulheres têm uma atitude mais negativa.

Aydin et al. (2011) realizaram um inquérito na Turquia e concluíram que a GM era preferida quando se consideravam apenas as preocupações económicas e que as preocupações económicas eram o método de escolha quando se dava prioridade apenas à dimensão social. E quando as dimensões económica e social eram consideradas conjuntamente, as boas práticas agrícolas eram a solução de compromisso.

Prati et al, (2012) realizaram uma investigação para desenvolver um modelo de intenção de consumo de alimentos geneticamente modificados com base na Teoria do Comportamento Planeado em Itália. Acrescentam a confiança e os benefícios e riscos percebidos como factores explicativos adicionais. Entre os componentes da Teoria do Comportamento Planeado, descobriram que a atitude era o fator de previsão mais importante da intenção. Na sua investigação, a atitude foi prevista pela perceção dos riscos e dos benefícios. Os benefícios percebidos previam de forma independente e forte a intenção. Também descobriram que a perceção dos riscos não estava relacionada com a intenção. Na sua investigação, tanto os riscos como os benefícios percebidos foram significativamente influenciados pela confiança nas instituições governamentais.

Kim (2012) efectuou uma investigação na Coreia do Sul. Nessa pesquisa, eles usaram a estrutura de Fishbein, que tem dois construtos atitudinais (Percebido

Benefícios e Risco Apercebido), que estão associados ao comportamento de escolha dos consumidores de alimentos GM. Verificaram que os benefícios percebidos pelos consumidores associados aos alimentos GM constituíam um forte indicador da intenção de compra de alimentos GM pelos consumidores. Isto implica que os antecedentes e a diversidade demográfica dos consumidores sul-coreanos podem ter um efeito significativo na sua intenção de compra de alimentos GM. Verificou-se também que os atributos favoráveis dos alimentos GM, como a melhoria nutricional, têm uma influência significativa na atitude dos consumidores em relação aos alimentos GM. Relativamente ao risco percebido dos alimentos GM, verificaram que a incerteza/falta de conhecimento sobre os alimentos GM e o potencial perigo ambiental dos alimentos GM influenciaram negativamente a atitude dos consumidores em relação aos alimentos GM.

Adenle (2013) examinou a perceção de dois intervenientes-chave, como decisores políticos e cientistas, sobre a tecnologia de modificação genética (GM) no Gana e na Nigéria, utilizando entrevistas semi-estruturadas. Esta investigação revelou que a maioria dos inquiridos, incluindo os decisores políticos, acreditam que a tecnologia GM tem um grande potencial para resolver parte dos problemas agrícolas em ambos os países. Constatou também que a falta de um quadro regulamentar adequado, a falta de pessoal formado, instituições fracas e laboratórios mal equipados, entre outros, representam um desafio significativo para a introdução da tecnologia GM nesta parte de África.

Ghasemi et al, (2013) realizaram uma investigação no sudoeste do Irão. Centraram-se no ponto de vista dos profissionais da agricultura. Concluíram que a maioria dos inquiridos tinha poucos conhecimentos sobre os alimentos GM. Os seus resultados indicaram que existem poucos benefícios e riscos para os alimentos GM e também concluíram que os "benefícios percebidos" e a "confiança nos indivíduos e nas instituições" tiveram um impacto positivo nas "intenções comportamentais dos profissionais agrícolas". Além disso, mostraram que o baixo nível de conhecimento dos inquiridos teve um impacto negativo nas intenções comportamentais em relação aos alimentos GM.

Brankov et al, (2013) efectuaram uma investigação na Sérvia. Analisaram as relações entre a aceitação de alimentos GM e o conhecimento sobre biotecnologia. Realizaram um inquérito aos consumidores para analisar os conhecimentos dos inquiridos sobre biotecnologia (questionário verdadeiro/falso), os benefícios percebidos pelos consumidores, os riscos percebidos pelos consumidores, a confiança e a vontade de consumir e comprar alimentos GM. Concluíram que o conhecimento dos consumidores sérvios sobre a biotecnologia é relativamente baixo, o que constitui uma razão para a atitude negativa em relação aos alimentos GM. Constataram também que a rejeição de alimentos GM na Sérvia está sobretudo associada a possíveis efeitos adversos na saúde humana, juntamente com questões morais e éticas e desconfiança nas empresas que produzem alimentos GM. Por fim, os consumidores da sua investigação manifestaram preocupação com o ambiente e desconfiança nas autoridades estatais e na análise científica.

Kaya et al, (2013) realizaram uma investigação para determinar as tendências e atitudes sobre o assunto de académicos que trabalhavam em departamentos que se previa que pudessem estar associados a OGM, de várias universidades activas na Turquia. Verificaram que uma parte significativa dos académicos se opunha ao consumo destes alimentos porque as vantagens e desvantagens não tinham sido explicadas no início e consideravam estes alimentos prejudiciais para a saúde. Também descobriram que, do ponto de vista dos inquiridos, os OGM são prejudiciais para a "biodiversidade e a segurança ambiental", apesar de considerarem que a utilização de organismos geneticamente modificados aumentou a eficiência e diminuiu a utilização de pesticidas agrícolas. Por fim, concluíram que os académicos na Turquia têm uma atitude negativa em relação ao consumo destes produtos porque os riscos ainda não foram completamente avaliados.

Amin et al. (2014) realizaram uma investigação para avaliar a atitude das partes interessadas da Malásia em relação aos produtos geneticamente modificados (GM) e para identificar os factores que influenciam a sua aceitação dos GM. Concluíram que a atitude do público em relação ao salmão geneticamente modificado é uma questão complexa e deve ser encarada como um processo multifacetado e afirmaram que os factores de previsão directos mais importantes para o encorajamento do salmão geneticamente modificado são as percepções específicas ligadas à aplicação sobre a aceitabilidade religiosa do salmão geneticamente modificado, seguidas da perceção dos riscos e benefícios da biotecnologia moderna.

De acordo com a revisão da literatura no domínio das culturas GM, pode afirmar-se que, na maior parte da investigação, a tónica foi colocada nas atitudes e na sensibilização do público em relação às culturas ou aos alimentos GM. A relação entre os níveis de conhecimento dos inquiridos, as normas subjectivas, os benefícios percebidos, os riscos percebidos e a confiança nos indivíduos e nas agências são casos que podem afetar a aceitação ou a rejeição das culturas GM. A maior parte dos estudos avaliou o ponto de vista dos consumidores, o que, tendo em conta que as culturas GM são uma inovação agrícola no Irão e que os consumidores estão pouco sensibilizados para os OGM, pode provocar um viés substancial. Por outras palavras, especifica-se que o ponto de vista dos consumidores é muito influenciado pelo ponto de vista dos peritos e das autoridades. A este respeito, não existe qualquer investigação que, de uma forma abrangente, tenha avaliado o ponto de vista das partes interessadas relativamente a um produto geneticamente modificado específico, como o arroz Bt, particularmente no Irão. Por conseguinte, este estudo utiliza a abordagem baseada nas partes interessadas. Embora exista o risco de que mesmo as organizações mais bem intencionadas possam ver os interesses dos seus membros de forma simplista, ou distorcê-los involuntariamente, este problema potencial aplica-se igualmente a todos os intervenientes. Além disso, parte-se do princípio de que os intervenientes que estão ativamente envolvidos no debate sobre a biotecnologia também estão bem informados. Isto permite ir além de simples perguntas concebidas para cidadãos que estão pouco familiarizados com a biotecnologia agrícola e os seus riscos e benefícios ambientais, sanitários e socioeconómicos. Os inquéritos em que os inquiridos são escolhidos aleatoriamente e questionados sobre a sua perceção pressupõem que a maioria deles já tem uma opinião formada sobre a questão. No entanto, a resposta reflecte antes as últimas notícias que receberam da sua fonte de informação preferida. E, muitas vezes, não estão de todo familiarizados com o assunto, mas respondem para evitar um sentimento de embaraço por não terem uma opinião. Estes aspectos podem contribuir para uma distorção significativa e um carácter muito transitório dos inquéritos representativos da perceção do público. Embora estas distorções também possam ocorrer num inquérito de perceção baseado nas partes interessadas, é, no entanto, mais adequado centrarmo-nos diretamente nas partes interessadas cuja opinião ou informação constitui uma fonte de informação relevante para o público em geral. Pode presumir-se que estão bem informados e têm uma influência significativa sobre os cidadãos que não estão ou estão pouco informados sobre a tecnologia. É correto assumir que também seria útil saber mais sobre as percepções reais dos agricultores que acabam por produzir culturas transgénicas e dos consumidores que acabam por consumir alimentos GM nos países em desenvolvimento. No entanto, tais inquéritos são de natureza diferente e bastante dispendiosos; não obstante, tornar-se-ão particularmente importantes em breve, quando os produtores e os consumidores dos países em desenvolvimento estiverem mais conscientes e tiverem mais experiência pessoal com alimentos e culturas derivados da engenharia genética (Aerni, 2002).

Importância da aceitação do público

A comercialização de culturas GM gerou intensos debates sobre as consequências ambientais, sociais e para a saúde humana a longo prazo (M. Ghoochani et al., 2014). Esses debates resultaram na legislação de leis de rotulagem obrigatória para alimentos GM. Uma vez que a aceitação do consumidor é essencial para o sucesso das aplicações da biotecnologia na agricultura, tem havido um interesse crescente em investigar o nível de aceitação do consumidor e em estimar a disposição do consumidor para pagar (WTP) prémios por alimentos não-GM ou a disposição para aceitar (WTA) descontos por alimentos GM (Chern, 2006). Clive James fundou o Serviço Internacional para a Aquisição de Aplicações Agrobiotecnológicas (ISAAA) há mais de 20 anos, com o objetivo de estabelecer parcerias criativas para facilitar a transferência de aplicações biotecnológicas de culturas dos países industrializados, em particular do sector privado, em benefício dos pequenos agricultores com poucos recursos dos países em desenvolvimento, que representam um segmento significativo das pessoas mais pobres do mundo. Após a fundação do ISAAA, em 1990, tornou-se claro que a falta de sensibilização da sociedade para o potencial das novas e inovadoras culturas geneticamente modificadas (GM) constituía um importante obstáculo à sua aceitação, exacerbado por campanhas de desinformação alargadas e bem financiadas sobre as culturas GM, levadas a cabo pelos opositores da tecnologia (Khush, 2012), e que, sem o consentimento da sociedade em geral, as culturas GM fracassarão no mercado (Nap et al, 2003). É provável que diferentes considerações afectem as atitudes dos consumidores em relação às culturas GM de diferentes maneiras (Ghasemi et al, 2013; Ghanian & M. Ghoochani, 2014). Tem sido amplamente aceite que a resistência do consumidor é uma barreira fundamental para a difusão de culturas GM (Heiman et al, 2000; M. Ghoochani et al., In press). Assim, muitos pesquisadores investigaram os efeitos das atitudes dos consumidores sobre a aceitação de tais culturas (Angulo & Gil, 2007; Chen & Li, 2007; Chen, 2008; Kim, 2012). Mas como é que as pessoas podem avaliar se são confrontadas com um fenómeno novo e ainda não bem conhecido como, por exemplo, a engenharia genética? (Zwick, 1998).

Abordagem participativa das partes interessadas

O termo "partes interessadas" parece ter sido inventado no início dos anos 60 como um jogo deliberado com a palavra "acionista", para significar que existem outras partes "interessadas" na tomada de decisões da empresa moderna de capital aberto, para além das que detêm posições de capital (Goodpaster, 1991). O Professor R. Edward Freeman, no seu livro *Strategic Management: A Stakeholder approach*, define os termos como qualquer grupo ou indivíduo que pode afetar ou ser afetado pela realização dos objectivos da organização (Mitchell et al, 2009). Pode presumir-se que estão bem informados e têm uma influência significativa sobre os consumidores que não estão ou estão pouco informados sobre a tecnologia (M. Ghoochani et al., 2017). Tem sido amplamente reconhecido que a gestão do risco é um elemento crucial da inovação tecnológica, uma vez que tais inovações podem envolver novas ciências, tecnologias, processos, mercados, estruturas industriais e quadros regulamentares. Mais recentemente, o papel de várias partes interessadas foi reconhecido como um fator influente no sucesso ou fracasso de uma tecnologia. Por exemplo, o desenvolvimento da tecnologia de sementes transgénicas pela Monsanto, apesar de oferecer benefícios tecnológicos e comerciais aos utilizadores, foi dificultado por protestos de ONG (Organizações Não Governamentais) e grupos de defesa (Hall et al, 2014).

Uma abordagem participativa e multi-stakeholder tenta aproximar a diversidade de posições e interesses, para aumentar a probabilidade prática de aceitabilidade, implementação e eficácia (UNDP, 2012). A perceção de um indivíduo em relação aos riscos e benefícios de uma inovação é determinada pela sua experiência pessoal, fontes de informação seleccionadas, interesses e valores. No caso da biotecnologia agrícola, a maioria das pessoas não pode contar com a sua própria experiência (M. Ghoochani et al., 2015). Em vez disso, têm de confiar na informação distribuída através dos meios de comunicação social por representantes do governo, de grupos de interesse público, da indústria e do meio académico. Com base nos valores socialmente comunicados, no estatuto social e na filiação profissional, uma pessoa considera que determinadas fontes de informação são mais fiáveis do que outras. A seleção das fontes de informação é também fortemente influenciada pela sua visão do mundo e pelos seus interesses. A investigação da perceção pública pode ser conduzida avaliando uma amostra representativa através de um estudo de inquérito ou de uma abordagem de inquérito baseada nas partes interessadas, que se centra nos actores que se presume representarem determinados interesses públicos e privados (Aerni, 2002). Por outro lado, há muitas pessoas diretamente envolvidas na aplicação da biotecnologia, em particular da engenharia genética, cujo conhecimento da questão é profundo e, no entanto, as suas opiniões raramente são submetidas a análise, tais como cientistas e profissionais que utilizam tecnologias inovadoras na rotina diária.

As atitudes das partes interessadas em relação aos riscos e benefícios dos OGM nos países em desenvolvimento estão a moldar os resultados das respectivas políticas nacionais em matéria de OGM e afectam cada vez mais as disputas éticas e jurídicas internacionais sobre a utilização da biotecnologia moderna na agricultura. No entanto, existem grupos de interesse público nos países em desenvolvimento que se opõem à introdução de alimentos geneticamente modificados. Os seus protestos atraem a atenção dos meios de comunicação social e aumentam a pressão pública sobre os políticos para que respondam a estas preocupações. Isto indica que a opinião pública também molda a política nas democracias dos países em desenvolvimento, embora seja a opinião das elites académicas, políticas, económicas e tradicionais, e não a do público em geral, que importa nessas democracias de elite (Aerni, 2005). Assim, as atitudes e percepções das partes interessadas são cruciais para a aceitabilidade dos alimentos GM (Bett et al, 2010).

O modelo comportamental

Nas ciências sociais e da tomada de decisões, a compreensão dos determinantes fundamentais do comportamento é, desde há muito, considerada um objetivo primordial para muitos teóricos (M. Ghoochani et al., 2013). O pressuposto psicológico subjacente à ligação entre intenções e comportamento é que a maior parte do comportamento humano está sob controlo volitivo. Nos últimos anos, a principal abordagem neste domínio é o desenvolvimento de modelos integrados de comportamento. Certamente, as duas teorias da Ação Fundamentada e do Comportamento Planejado são os modelos mais amplamente pesquisados (Chern, 2008).

Uma das teorias comportamentais mais citadas e aplicadas é a teoria do comportamento planeado (TPB) (M. Ghoochani et al., 2013). Esta teoria, que adopta uma abordagem cognitiva para explicar o comportamento, centra-se nas atitudes e crenças dos indivíduos. Conceptualiza o comportamento como uma combinação de três factores: controlo comportamental percebido, atitudes e normas subjectivas. De acordo com esta teoria, o principal determinante do comportamento é o grau de controlo que a pessoa sente que tem sobre a execução do comportamento, a atitude que a pessoa tem em relação ao comportamento e o grau de pressão social que a pessoa sente em relação ao comportamento. Além disso, de acordo com esta teoria, a ligação entre estes três factores e o comportamento não é direta e pressupõe que estas ligações são mediadas pela intenção comportamental. Assim, uma intenção comportamental (por exemplo, intenção de compra) é basicamente determinada por estes factores (Bradhal et al, 1998). A Teoria do Comportamento Planeado mostrou o seu potencial para ser um quadro de sucesso para uma série de comportamentos, como beber, fumar, comer e conduzir (Ghanian & M. Ghoochani, 2014).

Num *modelo de intenção comportamental,* o comportamento de compra do consumidor será explicado de uma forma em que a teoria do comportamento planeado de Ajzen é um bom enquadramento para a maior parte do comportamento. Esta teoria foi originalmente desenvolvida para explicar comportamentos sociais, mas nos últimos anos tem sido aplicada com sucesso para explicar aspectos do comportamento do consumidor. Para explicar o comportamento dos consumidores, a TPB defende que uma intenção comportamental (intenção de compra) é basicamente determinada pela norma subjectiva do consumidor, pelo controlo comportamental percebido e pela atitude de compra (Bradhal et al, 1998). A TPB e algumas das suas versões modificadas demonstraram o seu potencial para explicar o comportamento de escolha alimentar dos consumidores (Bredahl et al, 1998; Bredahl, 2001; Verdurme & Viaene, 2003).

A atitude dos consumidores em relação à compra de culturas GM reflecte a atitude pessoal em relação aos resultados desse comportamento (Ghanian et al., 2015). A norma subjectiva diz respeito à motivação do consumidor para realizar o comportamento, que é construída para incorporar as expectativas de aprovação ou desaprovação de outras pessoas importantes para ele (por exemplo, entes queridos). Por outras palavras, a norma subjectiva é o grau de pressão social que a pessoa sente em relação ao seu comportamento. Assim, se os consumidores acreditarem que as pessoas importantes para eles pensam que as culturas GM são boas, então terão maior intenção de as comprar. Além disso, geralmente, se as pessoas sentirem que têm controlo sobre uma tecnologia, é mais provável que a aceitem. Por conseguinte, a perceção do controlo pessoal dos consumidores sobre o que compram e comem é o meio de controlo comportamental percebido (M. Ghoochani et al., 2013). Isso abrange os efeitos de fatores externos, como disponibilidade e tempo, que influenciarão o julgamento dos consumidores sobre os riscos e benefícios das culturas GM (Chern, 2008). No que diz respeito à influência da PBC na intenção, espera-se que a importância relativa desses três fatores na previsão da intenção varie entre comportamentos e situações. Consequentemente, a hipótese é que a perceção de um maior controlo comportamental das culturas GM influenciará positiva ou negativamente as suas intenções de compra de culturas GM. A perceção de preocupações éticas também demonstrou ser um fator determinante significativo das intenções comportamentais. As preocupações éticas percebidas reflectem as normas pessoais, enquanto uma norma subjectiva reflecte as normas dos outros. Este fator influencia a intenção comportamental em relação aos produtos alimentares geneticamente modificados (Armitage & Conner, 2001).

O modelo atitudinal

O modelo de atitude que se baseia no modelo de atitude multi-atributo de Fishbein pode explicar as atitudes do consumidor (Bredahl et al, 1998). O modelo multi-atributo de Fishbein (1963) explica que a atitude de uma pessoa em relação a um objeto é uma função das suas crenças sobre o objeto e das respostas avaliativas implícitas (ou aspectos) associadas a essas crenças (Citado em Costa-Font et al, 2008). Com base neste quadro, Bradahl et al (1998) introduziram um modelo de atitude e argumentaram que a atitude do consumidor em relação aos alimentos geneticamente modificados é determinada pela perceção dos riscos (desfavoráveis ao consumidor) e dos benefícios (favoráveis ao consumidor) da aplicação da tecnologia genética na produção de produtos alimentares. Alguns (Shaffer et al, 2006; Chen & Li, 2007) acreditam que os riscos e benefícios da engenharia genética são determinantes importantes das atitudes. Em geral, sugere-se que uma atitude em relação à utilização da tecnologia GM na produção alimentar é determinada pela perceção dos "riscos" e "benefícios" da aplicação da modificação genética na produção alimentar (Bredahl, 1998; CostaFont, 2008). Geralmente, considera-se que os riscos percebidos influenciam negativamente as atitudes (Costa-Font & Gil, 2009), enquanto os benefícios percebidos influenciam as atitudes numa direção positiva (Chen & Li, 2007; Arvanitoyannis & Krystallis, 2005; Costa-Font e Gil, 2009). Assim, uma atitude em relação à modificação genética deve, portanto, ser determinada tanto pela perceção dos riscos como pela perceção dos benefícios da utilização destes produtos (Bredahl, 2001). De acordo com Bredhal et al (1998), existe uma distinção explícita entre as crenças sobre os riscos e as crenças sobre os benefícios associados à aplicação da engenharia genética na produção alimentar. Alguns estudos concluem que a confiança do público é um fator decisivo na determinação das atitudes dos consumidores, por exemplo, Siegrist (2000) sugere que a confiança dos indivíduos nas instituições que promovem a tecnologia e regulam os seus riscos influenciará as atitudes do público em relação às tecnologias emergentes, como a tecnologia genética (Citado em Ghasemi et al, 2013). O grau de conhecimento dos consumidores é altamente dependente das atitudes de tomada de decisões; isso significa que os consumidores querem estar mais bem informados. Assim, de acordo com o Modelo de Atitude desenvolvido por Bredahl (2001), baseado no Modelo de Atitude Multi-atributo de Fishbein (1963), a atitude dos consumidores em relação às culturas GM é determinada pelas percepções de riscos, benefícios e conhecimento percebido (Citado em: Ghasemi et al, 2013). Além disso, de acordo com Bredahl et al

(1998) e Costa-Font et al (2008) e o modelo de atitude e comportamento de Verdurme & Viaene (2003), a intenção de compra do consumidor em relação aos alimentos geneticamente modificados (intenção comportamental) é determinada pelas percepções de risco, benefícios e ética da aplicação da tecnologia genética na produção de produtos alimentares.

Quadro de investigação

O primeiro passo de um inquérito de perceção baseado nas partes interessadas é selecionar os representantes das partes interessadas que são importantes no debate público sobre a biotecnologia agrícola (Adenle, 2013). Neste contexto, reconhecemos o papel crítico do fluxo de informação sobre OGM desde o meio académico até aos utilizadores de biotecnologia inovadora (tanto produtores como consumidores). A transferência de conhecimentos é um procedimento bastante complicado e exige que se tenha em conta o envolvimento de todas as partes interessadas, neste caso: cientistas, políticos, legisladores, produtores, comerciantes e, finalmente, consumidores, todos com diferentes responsabilidades, ligações e interesses. O objetivo da nossa investigação era clarificar as ligações entre grupos de interesses seleccionados. Como as opiniões dos consumidores foram repetidamente analisadas numa variedade de estudos (Angulo & Gil, 2007; Chen & Li, 2007; Chen, 2008; Kim, 2012), concentrámos a nossa investigação recente em peritos científicos e profissionais, que são extremamente importantes no desenvolvimento e implementação de soluções inovadoras no domínio da agrobiotecnologia (Malyska et al, 2013). Para este estudo, de acordo com Malyska et al, (2013), foram seleccionadas as principais partes interessadas, como profissionais e académicos (cientistas), em questões relacionadas com os organismos geneticamente modificados (OGM). As opiniões destes dois intervenientes-chave são importantes nos processos de tomada de decisão e no diálogo para facilitar a adoção de novas tecnologias agrícolas. Nesta investigação, centrada no arroz Bt, foi avaliado o ponto de vista das partes interessadas em dois grupos principais de "académicos" e "profissionais". Tendo em conta a revisão da literatura e a especificação dos constructos impressionantes que afectaram a intenção e também porque, como se pode ver e Chen & Li, (2007) afirmaram, as "atitudes em relação às culturas GM" podem ser utilizadas como uma ponte para ligar o Modelo de Atitudes e o Modelo de Intenção Comportamental, num esforço para estabelecer um modelo integrado que permita uma melhor compreensão das atitudes e conhecimentos gerais relacionados com a extensão da adoção, bem como a intenção de compra de culturas GM. Por conseguinte, de acordo com as recomendações de Chen & Li, (2007), Chen, (2008) e Kim, (2012) e com base em duas teorias, o modelo de intenção de "T.P.B" e o modelo de atitude de "Fishbein", é proposto o seguinte quadro de investigação

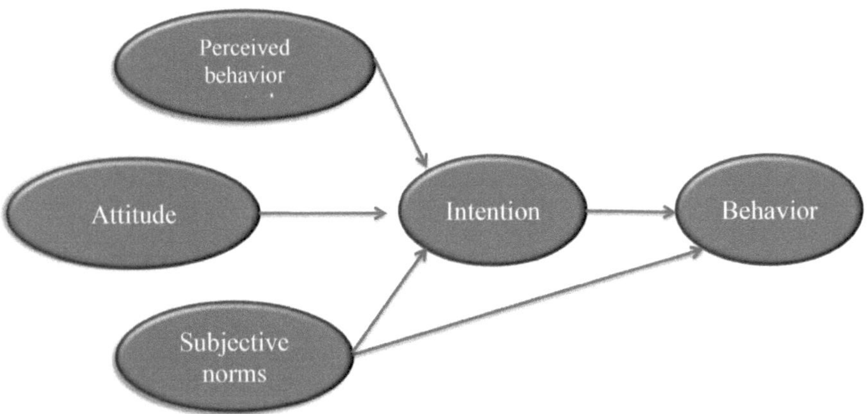

Figura 2-2: Teoria do comportamento planeado

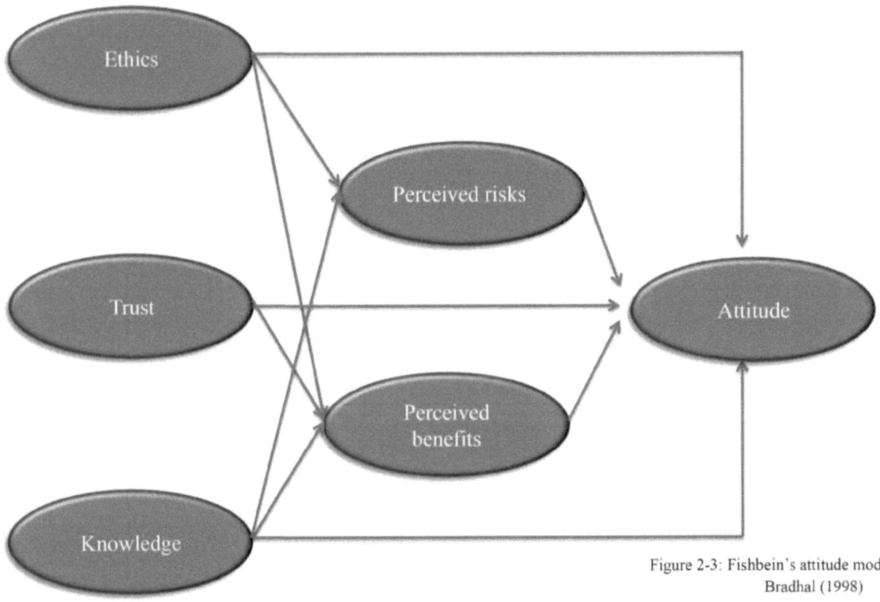

Figura 2-3: Modelo de atitude de Fishbein modificado por Bradhal (1998)

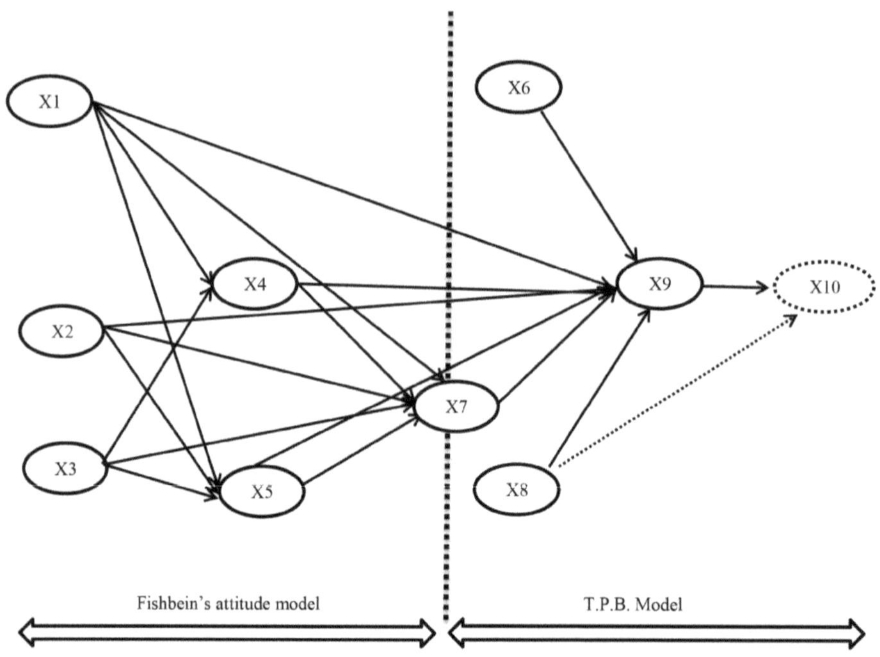

X1 : Ética

X2 : Confiança

X3 : Conhecimento

X4 : Riscos

X5 : Vantagens

X6 : Controlo comportamental percebido (C.C.P.)

X7 : Atitude

X8 : Normas subjectivas

X9 : Intenção comportamental

X10 : Comportamento (Devido à novidade das culturas geneticamente modificadas no Irão, não podemos avaliar esta construção)

Figura 2-4: quadro de investigação

Definição concetual do quadro teórico

Conhecimento

O conhecimento dos consumidores sobre a tecnologia GM em geral e os alimentos GM, em particular, desempenha algum papel na determinação da perceção de risco e benefício dos consumidores e, eventualmente, nas suas atitudes em relação aos alimentos GM (Verdurme & Viaene 2003). De acordo com o modelo multi-atributo de Fishbein (Costa-Font et al. 2008), o conhecimento sobre um produto GM específico é essencial para moldar as atitudes em relação a ele (Ghasemi et al, 2013). A maioria das pessoas não tem um conhecimento pormenorizado da tecnologia genética, e um conhecimento limitado aumenta a perceção do risco e diminui a aceitação. A capacidade de conhecimento dos consumidores é determinada pelo nível de compreensão da ciência. No entanto, um maior conhecimento nem sempre conduz a atitudes mais positivas, principalmente por duas razões. Em primeiro lugar, à medida que o conhecimento aumenta, os consumidores fazem, compreensivelmente, perguntas mais críticas sobre as culturas GM, o que resulta numa atitude mais cética. Em segundo lugar, é mais provável que o aumento do conhecimento através do fornecimento de informação active as atitudes já existentes dos consumidores, em vez de as alterar. Por outras palavras, as atitudes negativas anteriores em relação aos alimentos GM são reforçadas e não atenuadas pela informação adicional fornecida (Chen & Li, 2007).

Confiança

Existem dois tipos de confiança: a confiança interpessoal e a confiança social. A confiança interpessoal refere-se à relação entre o público-alvo e a fonte de informação. Por outras palavras, a confiança social é uma propriedade dos processos sociais multifacetados subjacentes às escolhas das pessoas e à forma como são atribuídas às pessoas ou às organizações responsabilidades pela administração (confiança nas instituições) (Costa-Font & Gil, 2009). Dado o facto de as pessoas terem frequentemente um conhecimento muito limitado da tecnologia genética, a importância da confiança não deve surpreender. No seu estudo, Chen & Li (2007) descobriram que a confiança nas instituições que utilizam produtos genéticos tem um impacto positivo no benefício percebido e uma influência negativa no risco percebido dos produtos. Para além disso, os benefícios e riscos percebidos determinam a aceitação da biotecnologia. Por outras palavras, a confiança tem uma influência indireta na aceitação da tecnologia.

Preocupações éticas sobre a tecnologia GM

Relativamente aos OGM, surgirão questões éticas. A este respeito, algumas questões éticas serão mais destacadas, como o facto de os cientistas poderem ser vistos como "brincando de

Deus"; esta tecnologia viola as fronteiras naturais que evoluíram entre as espécies; preocupações com as pessoas pobres (Ghasemi et al, 2013).

Benefícios e riscos percebidos

De acordo com a Teoria da Difusão de Inovações (Rogers, 1983), os adoptantes de qualquer nova inovação ou ideia podem ser classificados como inovadores (2,5%), adoptantes precoces (13,5%), maioria precoce (34%), maioria tardia (34%) e retardatários (16%), com base numa distribuição estatística em forma de sino. No entanto, o processo de difusão não é uma equação matemática, mas sim uma progressão natural dos sentimentos, opiniões e atitudes das pessoas em relação à aceitação de uma inovação. Além disso, as cinco características de uma inovação, ou seja, a vantagem relativa, a compatibilidade, a complexidade, a divisibilidade e a comunicabilidade, influenciarão a taxa de adoção de forma diferente. A este respeito, a vantagem relativa da aplicação de tecnologias genéticas desempenha um papel importante na determinação da atitude em relação a ela. Estudos de investigação anteriores mostraram que a atitude em relação à GM é suscetível de ser influenciada pela perceção dos riscos e benefícios (Chen, 2008)

Normas subjectivas

As normas subjectivas são a perceção do próprio indivíduo da pressão social para realizar ou não realizar um comportamento-alvo e referem-se às percepções do indivíduo da pressão social geral. Significa que as pessoas tentam fazer algo quando acreditam que é importante para os outros e, portanto, pensam que o devem fazer (Costa-Font & Gil, 2009).

Atitude

Vanninen et al, (2009) definem atitude como uma disposição favorável ou desfavorável suscetível de influências transitórias ou um estado mental complexo que envolve crenças, sentimentos, valores e disposições para agir de determinadas formas. Neste contexto, uma atitude específica pode ser utilizada para explicar por que razão algumas pessoas apoiam determinadas políticas sociais ou ideologias, enquanto outras se lhes opõem.

Controlo comportamental percebido

O controlo comportamental percebido é uma previsão de comportamentos que não estavam sob controlo volitivo completo. O controlo comportamental percebido (PBC) influencia tanto a intenção como o comportamento (Armitage & Conner, 2001).

Intenção comportamental

A intenção é um dos principais constructos da TCP e indica o quanto as pessoas estão dispostas a tentar ou o esforço que fariam para realizar o comportamento (Armitage & Conner, 2001). Na opinião de Fishbein e Ajzen, a intenção é "... a localização de uma pessoa numa dimensão de probabilidade subjectiva que envolve uma relação entre ela própria e uma determinada ação" (Citado em: Chen, 2008).

Factores promotores e inibidores da introdução do arroz Bt no sector agrícola e na cadeia alimentar das famílias

Tal como ilustrado no primeiro capítulo, um dos objectivos deste estudo era identificar os factores promotores e inibidores da entrada do arroz Bt no sector agrícola e na cadeia alimentar das famílias. A este respeito, dividimos estes factores em dois ramos: subjetivo e objetivo. Para aceitar o arroz geneticamente modificado, devem ser dados passos no sentido de reforçar os factores de promoção subjectivos e objectivos do seu desenvolvimento e, também nesse sentido, devem ser evitados ou diminuídos os factores de inibição do desenvolvimento do arroz Bt.

Como se pode ver na figura 4, os principais factores subjectivos de inibição foram a "falta de atenção do governo para a garantia ambiental do arroz Bt", a "falta de atenção do governo para a garantia sanitária do arroz Bt" e a "incapacidade dos humanos para quebrar o equilíbrio da natureza". A origem de todos estes itens é o cinismo e o ceticismo em relação ao governo. Os inquiridos pensam que o governo não se preocupa com os riscos ambientais e sanitários do arroz Bt.

Os principais factores inibidores objectivos foram: "Pressão sobre os meios de subsistência dos agricultores", "Ameaça a outras espécies de arroz", "Criação de espécies resistentes aos antibióticos", "Diminuição do potencial de exportação do país". Como se pode ver na opinião dos inquiridos, o fator inibidor mais objetivo do desenvolvimento do arroz Bt é a situação dos meios de subsistência dos agricultores, seguida do aspeto ambiental e da macroeconomia do país. Quanto ao último item, pode dizer-se que o Irão é atualmente um dos grandes importadores de arroz, pelo que, nestas condições, satisfazer a procura interna parece ser mais importante do que exportar.

Os principais factores de promoção subjectivos foram "a garantia económica do arroz Bt pelo governo", "a confiança no membro da família que é responsável pela família", "o aumento do bem-estar social através da introdução do arroz Bt", "os problemas iniciais de difusão de cada tecnologia serão resolvidos ao fim de algum tempo" e "a legislação da tecnologia GM é essencial". Além disso, os principais factores de promoção do objetivo foram a "ausência de riscos para a saúde, como a resistência aos antibióticos e o cancro", o "aumento do rendimento", a "elevada resistência às pragas e a diminuição da vulnerabilidade dos agricultores", a "redução dos resíduos de pesticidas no ambiente" e a "resposta às necessidades alimentares da população em crescimento".

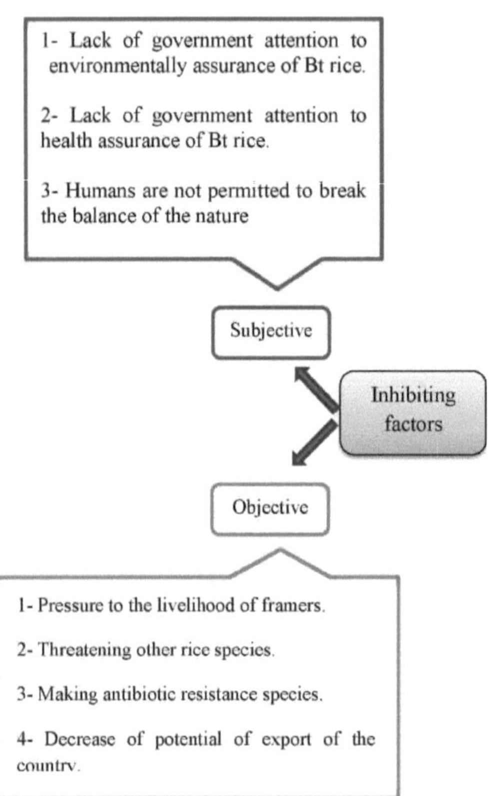

Figura. 4: Factores de promoção e de inibição

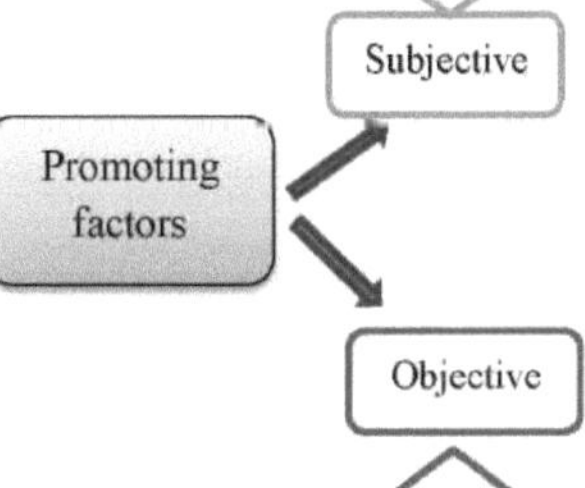

Promoting factors

Subjective

Objective

1- Economically assurance of Bt rice by government.

2- Trust to family member who is responsible to charge of family.

3- Increasing social welfare by entering the Bt rice.

4- The initially diffusion problems of each technology will solved after a while.

5- The legislation of GM technology is essential.

1- Lack of health risks, such as antibiotic resistance and cancer.

2- Increase of yield.

3- High resistance to the pests and decrease of farmers' vulnerability.

4- Reduction of pesticide residues in the environment.

5- Response to the food needs of growing population.

Referências

1. Abbasi, N. M. Ghoochani, O. Ghanian, M. Kitterlin, M. (2016). Avaliação da insegurança alimentar das famílias na parte central do Irão; Implementação do Questionário do USDA. Avanços na pesquisa de plantas e agricultura. 4 (5), 1-8.

2. Absalan, Sh., Gilany, A. (2005). A mudança na gestão da irrigação do arroz do Khuzistão é uma necessidade inevitável. Workshop técnico sobre Irrigação de Superfície Mecanizada. (Em persa).

3. Adarighofua, O. (2013). Biotecnologia agrícola: Um meio de alcançar a segurança alimentar. Revista internacional de investigação inovadora em agricultura e biologia. 1(2), 4248.

4. Adenle, A. A. (2013). Percepções das partes interessadas sobre a tecnologia GM na África Ocidental: Avaliar as respostas dos decisores políticos e dos cientistas no Gana e na Nigéria. Jornal de Ética Agrícola e Ambiental, 1-23.

5. Aerni, P. (2002). Atitudes do público em relação à biotecnologia agrícola na África do Sul. Relatório final, um projeto de investigação conjunto do Centro de Desenvolvimento Internacional (CID). Universidade de Harvard, EUA, e da Unidade de Investigação sobre Trabalho e Desenvolvimento da África Austral (SALDRU), Universidade da Cidade do Cabo, África do Sul, PDF-File Pages, 1-30.

6. Aerni, P. (2002). Atitudes das partes interessadas em relação aos riscos e benefícios da biotecnologia agrícola nos países em desenvolvimento: uma comparação entre o México e as Filipinas. Risk Analysis, 22(6), 1123-1137.

7. Aerni, P. (2005). Atitudes das partes interessadas em relação aos riscos e benefícios das culturas geneticamente modificadas na África do Sul. Environmental Science & Policy, 8(5), 464-476.

8. Agbo, F. U., Ebe, F., & Ogbonne, O. C. (2013). Fazendo a biotecnologia funcionar para os agricultores na Nigéria: The Role of Farmers' Cooperative Societies (O papel das sociedades cooperativas de agricultores). Jornal de Biologia, Agricultura e Cuidados de Saúde, 3(16), 79-86.

9. Ministério da Agricultura. (2012). Carta estatística agrícola das culturas, Anos de colheita, 2011-2012. Teerão: Ministério da Agricultura, Departamento de Planeamento e Economia. (Em persa).

10. Amin, L. Azlan, N, A, A. Ahmad, Jamil. H, Hasrizul. Latif, A. Samian. Haron, M, S. (2011). Perceção ética da biologia sintética. Jornal Africano de Biotecnologia, 10(58), 12469-12480. Disponível em linha em

http://www.academicjournals.org/AJB

11. Amin, L., Jahi, J. M., Nor, A. R. M., Osman, M., & Mahadi, N. M. (2006). Uncovering factors influencing Malaysian public attitude towards modern biotechnology. Asia Pacific Journal of Molecular Biology and Biotechnology,14(2), 33-39.

12. Amin, L., Nor, A. R. M., Jahi, J. M., Osman, M., & Mahadi, N. M. (2005). Factores para uma tecnologia genética socialmente aceitável. Malaysian Journal of Environmental Management, 6, 137-146.

13.   Angulo, A. M., & Gil, J. M. (2007). Spanish Consumers' Attitudes and Acceptability towards GM Food Products. Agricultural Economics Review, 8(1), 5063.

14.   Arantes-Oliveira, N. (2007). Um estudo de caso sobre os obstáculos ao crescimento da biotecnologia. Technological Forecasting and Social Change, 74(1), 61-74.

15.   Armitage, C. J., & Conner, M. (2001). Eficácia da teoria do comportamento planeado: A meta-analytic review. British journal of social psychology, 40(4), 471499.

16.   Arvanitoyannis, I. S., & Krystallis, A. (2005). Crenças, atitudes e intenções dos consumidores em relação aos alimentos geneticamente modificados, com base na perspetiva "segurança percebida vs. benefícios". Revista internacional de ciência e tecnologia alimentar, 40(4), 343360.

17.   Asenso-Okyere, K., e Von Braun, J. (2009). A bigger role for universities to enhance agricultural innovation and growth in developing countries [Um papel mais importante para as universidades na promoção da inovação e do crescimento agrícola nos países em desenvolvimento]. Série de Documentos de Trabalho Internacionais. Disponível em linha em: http://economia.unipv.it/naf/

18.   Aydin, C. I., OZERTAN, G., & OZKAYNAK, B. (2011). Deverá a Turquia adotar culturas geneticamente modificadas? A Social Multi-Criteria Evaluation for the Case of Cotton Farming in Turkey (No. 2011/07).

19.   Azadi, H. Ghanian, M. M. Ghoochani, O. Rafiaani Khachak, P. N. T. Taningad, C. Y. Hajivand, R. Dogot, T. (2015). Culturas geneticamente modificadas: Rumo ao crescimento agrícola, ao desenvolvimento agrícola ou à sustentabilidade agrícola? Food Reviews International. 31 (3), 195-221.

20.   Azadi, H., & Ho, P. (2010). Genetically modified and organic crops in developing countries: A review of options for food security. Biotechnology Advances, 28(1), 160-168.

21.   Bakshi, A. (2003). Potenciais efeitos adversos para a saúde das culturas geneticamente modificadas. Journal of Toxicology and Environmental Health Part B: Critical Reviews, 6(3), 211226.

22.   Bakshi, S., & Dewan, D. (2013). Situação das culturas de cereais transgénicos: A Review. Clon Transgen, 3(119), 2.

23.   Bao-Rong, L. (2006). Identificação de possíveis riscos ambientais do arroz geneticamente modificado na China para informar a avaliação de biossegurança. In The 9th International Symposium on the Biosafety of Genetically Modified Organisms, Jeju Island, Korea, 24-29 September, 2006: biosafety research and environmental risk assessment. (pp. 108-112). Sociedade Internacional de Investigação em Biossegurança.

24.   Baumann, A., Lumley, S., Rumley, D., & Fenna, A. (2002, fevereiro). The Commercialisation of Genetically Modified Crops (A Comercialização de Culturas Geneticamente Modificadas): O caso da canola na Austrália Ocidental. In 2002 Conference (46th), February 13-15, 2002, Canberra (No. 125056). Sociedade Australiana de Economia Agrícola e de Recursos.

25.   Bazuin, S., Azadi, H., & Witlox, F. (2011). Application of GM crops in SubSaharan Africa: lessons

learned from Green Revolution (Aplicação de culturas GM na África Subsariana: lições aprendidas com a Revolução Verde). Biotechnology advances, 29(6), 908-912.

26.   Berdegué, J. A. (2005). Pro-poor innovation systems. Documento de referência, FIDA, Roma.

27.   Bett, C., Ouma, J. O., & Groote, H. D. (2010). Perspectivas dos guardiões da indústria alimentar queniana em relação aos alimentos geneticamente modificados. Food Policy, 35(4), 332340.

28.   Bloom, V, M. (2007). Nutrir o Planeta no Século XXI. BSCS e a Fundação Nutrientes para a Vida. ISBN 1-929614-28-4.

29.   Bloom, V, M. (2010). Nutrindo o Planeta no Século 21. Material de sala de aula de fitotecnia para escolas secundárias em Ontário. Fundação Nutrientes para a Vida, Canadá.

30.   Bouman, B. A. M., Barker, R., Humphreys, E., Tuong, T. P., Atlin, G. N., Bennett, J., & Wassman, R. (2007). Rice: feeding the billions.

31.   Brankov, T. P., Sibalija, T., Lovre, K., Cvijanovic, D., & Subic, J. (2013). O impacto do conhecimento da biotecnologia na aceitação de alimentos geneticamente modificados na Sérvia. Cartas Biotecnológicas Romenas, 18(3), 8295-8306.

32.   Bredahl, L. (2001). Determinantes das atitudes e intenções de compra dos consumidores em relação aos alimentos geneticamente modificados - Resultados de um inquérito transnacional. Consumer Policy, 24(1), 23-61.

33.   Bredahl, L., Grunert, K. G., & Frewer, L. J. (1998). Consumer attitudes and decision-making with regard to genetically engineered food products - a review of the literature and a presentation of models for future research. Journal of consumer Policy, 21(3), 251-277.

34.   Buah, J. N. (2011). Perceção pública dos alimentos geneticamente modificados no Gana.American Journal of Food Technology, 6(7). 541-545.

35.   Butz, P, W. Wu, F. (2004). The Future of Genetically Modified Crops: Lessons from the Green Revolution, RAND/MG-161- RC, 113 pp., ISBN 0-8330-3646-7.

36.   Chandra Goel, M. (2011). Cimeira Mundial: Green Revolution-II, Growth Engine for Transformation". Disponível em: http://www.assocham.org/agriculture/summit-green rev2/presentations/gr2_MC_Goel.pdf

37.   Chen, M. F. (2008). Um quadro de investigação integrado para compreender as atitudes e intenções de compra dos consumidores relativamente aos alimentos geneticamente modificados. British food journal, 110(6), 559-579.

38.   Chen, M. F., & Li, H. L. (2007). A atitude do consumidor em relação aos alimentos geneticamente modificados em Taiwan. Food Quality and Preference, 18(4), 662-674.

39.   Chern, W. S. (2006). Genetically Modified Organisms (GMOs) and Sustainability in Agriculture (Organismos Geneticamente Modificados (OGMs) e Sustentabilidade na Agricultura). In 2006 Annual Meeting, August 12-18, 2006, Queensland, Australia (No. 25463). Associação Internacional de Economistas

Agrícolas.

40. Chopra, P.; Kamma, A. (2005). Genetically Modified Crops in India (Culturas geneticamente modificadas na Índia). Disponível em: http://paraschopra.com/publications/gm.pdf

41. Clive James. ISAAA, Serviço Internacional para a Aquisição de Aplicações Agrobiotecnológicas. (2010). ISAAA Briefs 42. Situação Global das Culturas Biotecnológicas/GM Comercializadas: 2010. No. 42 - 2010. Dedicado pelo autor ao vigésimo aniversário do ISAAA, 1991 a 2010.

42. Clive James. ISAAA, Serviço Internacional para a Aquisição de Aplicações Agrobiotecnológicas. (2012). Comunicado de imprensa do ISAAA.

43. Conko, G., & Prakash, C. S. (2005). O ataque à biotecnologia vegetal. Terracotta Reader: A Market Approach to the Environment, 363.

44. Costa-Font, M., & Gil, J. M. (2009). Modelação de equações estruturais da aceitação pelo consumidor de alimentos geneticamente modificados (GM) na Europa Mediterrânica: A cross country study. Food Quality and Preference, 20(6), 399-409.

45. Costa-Font, M., Gil, J. M., & Traill, W. B. (2008). Consumer acceptance, valuation of and attitudes towards genetically modified food: Revisão e implicações para a política alimentar. Food policy, 33(2), 99-111.

46. Daneshi-Maskooni, M. Dorosty-Motlagh, A. Hosseini, M. Zendehdel, K. Kashani, A. & Azizi, S. (2013). Propagação da insegurança alimentar e alguns fatores socioeconômicos efetivos entre pacientes com câncer gastrointestinal superior, Journal of Mashhad University of Medical Sciences, 1 (1), 56-61. (Em persa)

47. Dashti, K. (2012). "A agricultura floresce". Diário do Irão, Economia Doméstica, 30 de agosto.

48. Datta, A. (2013). Genetic engineering for improving quality and productivity of crops (Engenharia genética para melhorar a qualidade e a produtividade das culturas). Agricultura e Segurança Alimentar, 2(1), 15.

49. DeFrancesco, L. (2013). Quão seguros devem ser os alimentos transgénicos? Nature biotechnology, 31(9), 794-802.

50. FAO, Declaração sobre a segurança alimentar mundial. Cimeira Mundial da Alimentação, 1996, FAO, Roma.

51. FAO. (2012). "Statistical Yearbook, World food and agriculture". Departamento de Desenvolvimento Económico e Social . Disponível em : http://www.fao.org/docrep/015/i2490e/i2490e00.htm

52. Gangal, S. V., & Malik, B. K. (2003). Food allergy - how much of a problem really is this in India? JOURNAL OF SCIENTIFIC AND INDUSTRIAL RESEARCH, 62(8), 755-765.

53. Ghanian, M. & M. Ghoochani, O. (2014). Investigando as percepções acadêmicas do arroz Bt para benefícios e riscos. 5º Simpósio Internacional sobre bem-estar, estilo de vida saudável e nutrição. Songkhla, Tailândia. 2-3 de dezembro de 2014.

54. Ghanian, M. & M. Ghoochani, O. (2014). Necessidade de Rotular o Arroz Bt e inseri-lo no Ciclo Agrícola do Irão, Caso do Sudoeste do Irão. 5º Simpósio Internacional sobre bem-estar, estilo de vida saudável e nutrição. Songkhla, Tailândia. 2-3 de dezembro de 2014.

55. Ghanian, M. M. Ghoochani, O. Dorani, M. (2016). A Revolução Genética: É uma solução para resolver questões de insegurança alimentar? Anais das Ciências Agrárias e das Culturas. 1(3), 1012.

56. Ghanian, M. M. Ghoochani, O. Kitterlin, M. Jahangiry, S. Zarafshani, K. Azadi, H. (2016). Atitudes dos especialistas agrícolas em relação às culturas GM no sudoeste do Irã. Journal of Science & Engineering ethics. 22 (2), 509-524.

57. Ghanian, M., M. Ghoochani, O. & Dorani, M. (2017). Investigação das Perspectivas dos Especialistas Agrícolas sobre a Existência do Arroz Bt na Cadeia Alimentar e Agrícola do País. Trimestral de Pesquisas em Extensão e Educação Agrícola, 9 (4), 1-12.

58. Ghasemi, S., Karami, E., & Azadi, H. (2013). Conhecimento, Atitudes e Intenções Comportamentais dos Profissionais Agrícolas em relação aos Alimentos Geneticamente Modificados (GM): Um estudo de caso no sudoeste do Irão. Science and engineering ethics, 19(3), 1201-1227.

59. Gianessi, L. P., & Carpenter, J. E. (1999). Biotecnologia agrícola: Benefícios do controlo de insectos. Washington, DC: Centro Nacional de Política Alimentar e Agrícola.

60. Giger, E., Prem, R., Leen, M. (2009). Aumento da produção agrícola com base em alimentos geneticamente modificados para satisfazer as exigências do crescimento demográfico. Revista da Escola de Estudos Doutorais (União Europeia), 1, 98- 124.

61. Gomez-Barbero, M.; Rodriguez-Cerezo, E. (2007). Modeling Socio-Economic Impacts of the GM Adoption. Comissão Europeia, Sevilha.

62. Gonzâlez, C., Garcia, J., & Johnson, N. (2010). Posições das partes interessadas em relação aos alimentos GM: o caso da mandioca biofortificada com vitamina A no Brasil. AgBioForum, 12(3&4): 382-393.

63. Goodpaster, K. E. (1991). Business ethics and stakeholder analysis (Ética empresarial e análise das partes interessadas). Business Ethics Quarterly, 53-73.

64. Goyal, P. Gurtoo, S. (2011). Factores que influenciam a perceção do público: Genetically Modified Organisms (Organismos Geneticamente Modificados). GMO Biosafety Research, 2(1).

65. Gray, A. (2012). Formulação de problemas na avaliação de riscos ambientais para culturas geneticamente modificadas: uma abordagem prática. Colln. Biosafety Rev, 6, 10-65.

66. Green Peace International. (2006). Future of Rice, Examining long term, sustainable solutions for Rice

production (O futuro do arroz, examinando soluções sustentáveis a longo prazo para a produção de arroz).

67. Gruère, G. P.; Sun Y. (2012). Measuring the contribution of Bt cotton adoption to India's cotton yields leap. Documento de discussão do Instituto Internacional de Investigação sobre Políticas Alimentares (IFPRI), 1170.

68. Hall, C. (2008). Identificação das atitudes dos agricultores em relação às culturas geneticamente modificadas (GM) na Escócia: Are they pro-or anti-GM? Geoforum, 39(1), 204-212.

69. Hall, C., Toma, L., & Moran, D. (2009). Investigação dos factores que influenciam a adoção de culturas GM a nível nacional. Na Conferência de 2009, 16-22 de agosto de 2009, Pequim, China (No. 50366). Associação Internacional de Economistas Agrícolas.

70. Hall, J., Bachor, V., & Matos, S. (2014). O impacto da heterogeneidade dos stakeholders na perceção de risco em inovação tecnológica. Technovation. (In Press)

71. Healy, M. P. (2002). Information Based Regulation and International Trade in Genetically Modified Agricultural Products: An Evaluation of the Cartagena Protocol on Biosafety. Wash. UJL & Pol'y, 9,   205. Disponível em:

http://digitalcommons.law.wustl.edu/wujlp

72. Heiman, A., Just, D. R., & Zilberman, D. (2000). The role of socioeconomic factors and lifestyle variables in attitude and the demand for genetically modified foods. Journal of Agribusiness, 18(3), 249-260.

73. Hellmich, R. L., & Hellmich, K. A. (2012). Utilização e impacto do milho Bt. Conhecimento em Educação da Natureza, 3(10), 4.

74. Hosseini, J. Ehsani, V. Lashgarara, F. (2012). Explorando a aplicação de culturas geneticamente modificadas por agricultores no Irão. Revista americana de investigação científica, ISSN 1450-223X, edição de julho (2011), 138-144

75. Hsieh, Y. H. P., & Ofori, J. A. (2007). Inovações na tecnologia alimentar para a saúde. Jornal de nutrição clínica da Ásia-Pacífico, 16.

76. Hu, L. e Bentler, P.M. (1999), "Cutoff criteria for fit indexes in covariance structure analysis: Conventional criteria versus new alternatives", Structural Equation Modeling, 6, 1-55.

77. IAASTD, Avaliação Internacional do Conhecimento, Ciência e Tecnologia Agrícolas para o Desenvolvimento. Island Press, 2009.

78. Ibrahim, R. A., & Shawer, D. M. (2014). As plantas Bt transgénicas e o futuro da proteção das culturas (uma visão geral). Jornal Internacional de Investigação Agrícola e Alimentar (IJAFR), 3(1), 14-40.

79. Index Mundi, os perfis de países mais completos da Internet. (2013). Disponível em: http://www.indexmundi.com/

80. IRRA, Instituto Internacional de Investigação do Arroz. (2013). Disponível em: http://www.irri.org

81. ISAAA, Serviço Internacional para a Aquisição de Aplicações Agrobiotecnológicas. BRIEF 34. "Global Status of Commercialized Biotech/GM Crops: 2005". Por Clive James.

82. IUCN, The world conservation union. (2007). Conhecimento atual dos impactos dos organismos geneticamente modificados na biodiversidade e na saúde humana, um documento informativo.

83. James, C. (2010). The contribution of biotech crops to food, feed and fibre security and sustainability [A contribuição das culturas biotecnológicas para a segurança e sustentabilidade dos géneros alimentícios, dos alimentos para animais e das fibras]. Linking Science to Society.

84. Kaya, I. H., Poyrazoglu, E. S., Artik, N., & Konar, N. (2013). Percepções e Atitudes dos Académicos em relação aos Organismos e Alimentos GM. *Revista Internacional de Ciências Biológicas, Ecológicas e Ambientais (IJBEES)*, 2(2), 20-24.

85. Khush, G. S. (2012). Culturas geneticamente modificadas: a tecnologia de cultivo adoptada mais rapidamente na história da agricultura moderna. Segurança Agrícola e Alimentar, 1, 14.

86. Kim, R. B. (2012). Atitude do consumidor em relação aos riscos e benefícios dos alimentos geneticamente modificados (GM) na Coreia do Sul: Implicações para a política alimentar. *Engineering Economics*, *23*(2), 189-199.

87. Kimenju, S. C., Groote, H. D., Bett, C., & Wanyama, J. (2013). Agricultores, consumidores e guardiões e suas atitudes em relação à biotecnologia. *Jornal Africano de Biotecnologia*, *10*(23), 4767-4776.

88. Koester, V. (2012). O Protocolo de Nagoya sobre ABS: Ratificação pela UE e seus Estados-Membros e desafios de implementação. *Estudos*, (03/12).

89. Kumar, S., Chandra, A., & Pandey, K. C. (2008). Cultura transgénica de Bacillus thuringiensis (Bt): uma estratégia de gestão de insectos-praga amiga do ambiente. *Jornal de Biologia Ambiental*, *29*(5).

90. Lehmann, D. R., & Gupta, S. (1989). PAC M: A Two-Stage Procedure for Analyzing Structural Models. *Applied psychological measurement*, 13(3), 301-321.

91. Lemaux, P. G. (2008). Genetically engineered plants and foods: a scientist's analysis of the issues (Parte I). *Revisão Anual de Biologia Vegetal*, *59*, 771-812.

92. Lemaux, P. G. (2009). Genetically engineered plants and foods: a scientist's analysis of the issues (Parte II). *Biologia Vegetal*, *60*(1), 511-559.

93. Lipton, M. (2001). Reviving global poverty reduction: what role for genetically modified plants? Journal of International Development, 13(7), 823-846.

94. Lusser, M. Raney, T. Tillie, P. Dillen, K.Cerezo, E, R. (2012). Workshop internacional sobre impactos socioeconómicos de produtos geneticamente modificados. RELATÓRIOS CIENTÍFICOS E POLÍTICOS DO JRC. Culturas co-organizadas pelo CCI-IPTS e pela FAO Actas do seminário.

95. M. Ghoocahni, O. Torabi, M. Hojai, M. Ghanian, M. Kitterlin, M. (no prelo). Factores que influenciam as atitudes dos consumidores em relação à comida rápida: o caso da cidade de Isfahan. British Food Journal.

96. M. Ghoochani, O. Ghanian, M. Baradaran, M. Azadi, H. (2015). Fatores que influenciam a intenção comportamental das partes interessadas em relação ao arroz Bt no Irã. Pesquisa de biossegurança de OGM. 6.

97. M. Ghoochani, O. Ghanian, M. Baradaran, M. Azadi, H. Multi Stakeholders' attitudes toward Bt rice in Southwest, Iran: Aplicação do TPB e de modelos de atributos múltiplos. Journal of Integrative psychological and behavioral science. 51 (1), 141-163.

98. M. Ghoochani, O. & Ghanian, M. (2013). O que fazer e o que não fazer da aplicação de culturas GM na cadeia alimentar do país do ponto de vista dos gerentes das empresas agrícolas; Caso da cidade de Ahvaz. 21º congresso de ciências e indústria alimentar. Shiraz, Irão. 2013. (Em persa).

99. M. Ghoochani, O. Ghanian, M. Baradaran, M. Azadi, H. (2016). Intenção comportamental em relação às culturas GM no sudoeste do Irão: A Multi-Stakeholder Analysis. Revista de Meio Ambiente, desenvolvimento e sustentabilidade. 1-21.

100. M. Ghoochani, O. Ghanian, M. Baradaran, M. Azadi, H. (2017). Análise dos Fatores que Influenciam as Atitudes dos Especialistas em relação ao Arroz Geneticamente Modificado Iraniano. Jornal Iraniano de Extensão e Educação Agrícola. 12 (2), 53-72.

101. M. Ghoochani, O. Khosravipour, B. Ravahi Nejad, M. (2013). Manejo Integrado de Pragas; um Garante de Realização para o Desenvolvimento Sustentável. O segundo Congresso Nacional de agricultura orgânica e tradicional. Ardebil, Irão, 2013. (Em persa).

102. M. Ghoochani, O. Salarvand, Z. Rahimi, F. Ghanian, M. Azadi, H. (2014). Investigação das perspectivas dos consumidores em relação à segurança alimentar; Caso da cidade de Ahvaz. 1ª conferência nacional de lanches. Universidade Ferdowsi de Mashhad. 30 de abril de 2014. (Em persa).

103. M. Ghoochani, O., Ghanian, M. Baradaran, M. Azadi, H. (2013). Explicando a atitude dos alunos em relação às culturas GM; Caso da Universidade Agrícola da província de Khuzestan. Terceira Conferência Nacional de Agricultura, Alimentação e Pesca. Booshehr, Irão. dezembro de 2013, (em persa).

104. M. Ghoochani, O., Ghanian, M. Baradaran, M. Azadi, H. (2013). Culturas GM, segurança alimentar e atitudes dos principais agricultores; caso da região de Gotvand na província de Khuzestan, 21º congresso de ciências e indústria alimentar. Shiraz, Irão. 2013. (Em persa).

105. Malyska, A., Maci¾g, K., & Twardowski, T. (2013). Perceção dos OGMs por cientistas e profissionais - o papel crítico do fluxo de informações sobre organismos transgénicos. *Nova biotecnologia*.

106. Mancini, M. Mancini, M. (2006). Genes que brilham: Uma revolução na biotecnologia. *The Journal of Clinical Investigation,* 116(3), 553-553.

107. Mitchell, R. K., Agle, B. R., & Wood, D. J. (1997). Toward a theory of stakeholder identification and salience: Defining the principle of who and what really counts. *Academy of management review*, *22*(4), 853-886.

108. Mnyulwa, D., & Mugwagwa, J. (2005). Biotecnologia agrícola na África Austral: uma síntese regional. *Biotechnology, agriculture, andfood security in southern Africa*, 13.

109. Mohamadpour, M., Sharif, Z. M., & Keysami, M. A. (2012). Insegurança alimentar, saúde e estado nutricional numa amostra de agregados familiares com plantações de palmeiras na Malásia. *Jornal de saúde, população e nutrição*, 30(3), 291-302.

110. Morris, S. H., & Adley, C. C. (2000). Genetically modified food issues: Attitudes of Irish university scientists. *British Food Journal*, *102*(9), 669-691.

111. Mwangi, J. G. (1998). The role of extension in the transfer and adoption of agricultural technologies (O papel da extensão na transferência e adoção de tecnologias agrícolas). Journal of International Agricultural and Extension Education, 5(1), 63-68.

112. Naeemi, A., Pezeshki Rad, Gh., Ghareyazi, B., (2010). An Investigation of Biotechnology Experts' Attitudes in University Centers of Tehran Province towards the Use of Transgenic Plants (Uma Investigação das Atitudes dos Peritos em Biotecnologia nos Centros Universitários da Província de Teerão relativamente à Utilização de Plantas Transgénicas). *Ciências do Ambiente,* 7(2), 141-154. (Em persa).

113. Nap, J. P., Metz, P. L., Escaler, M., & Conner, A. J. (2003). The release of genetically modified crops into the environment (A libertação de culturas geneticamente modificadas no ambiente). *The Plant Journal*, *33*(1), 1-18.

114. Nistor, L. (2013). Atitudes em relação aos alimentos GM na Roménia. Uma questão moral?.*Revista Romana de Bioetica*, *10*(2).

115. Nwogbo-Egwu, C. C. (2014). A relevância da biotecnologia agrícola para uma nação em desenvolvimento: uma avaliação. *Revista global de gestão aplicada e ciências sociais (GOJAMSS)*, *6*, 179-185.

116. Patch, C. S., Tapsell, L. C., & Williams, P. G. (2005). Attitudes and intentions towards purchasing novel foods enriched with omega-3 fatty acids. *Journal ofnutrition education and behavior*, *37*(5), 235-241.

117. Peterson, G., Cunningham, S., Deutsch, L., Erickson, J., Quinlan, A., Raez-Luna, E., Tinch, R., Troell, M,. Woodbury, P., & Zens, S. (2000). Os riscos e benefícios das culturas geneticamente modificadas: uma perspetiva multidisciplinar. *Conservation Ecology*, *4*(1), 13.

118. Pingali, P. L. Raney, T. (2005). From the Green Revolution to the Gene Revolution: How will the Poor Fare? Documento de trabalho da ESA n.º 05-09.

119. Prakash, C. S. (2001). The genetically modified crop debate in the context of agricultural evolution. *Plant physiology*, *126*(1), 8-15.

120. Prati, G., Pietrantoni, L., & Zani, B. (2012). A previsão da intenção de consumir alimentos geneticamente modificados: Teste de um modelo psicossocial integrado. *Food Quality and Preference*, *25*(2), 163-170.

121. Qaim, M. (2010). "Benefits of Genetically modified crops for the poor: households income, nutrition, and health" [Benefícios das culturas geneticamente modificadas para os pobres: rendimento das famílias, nutrição e saúde]. Nova Biotecnologia. 27(5).

122. Qaim, M., & Matuschke, I. (2005). Impactos das culturas geneticamente modificadas nos países em desenvolvimento: um inquérito. *Quarterly Journal ofInternational Agriculture*, *44*(3), 207-228.

123. Rice, J. H. (2013). Bioconfinamento de um híbrido de Nicotiana supostamente estéril e desenvolvimento de ferramentas para avaliar o fluxo genético. "Tese de Mestrado, Universidade do Tennessee, 2013. http://trace.tennessee.edu/utk gradthes/2487

124. Rogers, E. (1983). Diffusion of Innovations. Terceira edição. The free press. Uma divisão da Macmillan publishing co., Inc.

125. Ronald, P. (2011). Genética vegetal, agricultura sustentável e segurança alimentar global. *Genetics*, *188*(1), 11-20.

126. Ruane, J., & Sonnino, A. (2006). Resultados do fórum de biotecnologia da FAO. Antecedentes e diálogo sobre questões seleccionadas. *Documento de Investigação e Tecnologia da FAO (FAO)*.

127. Runge, C. F. e Jackson, L. A. (2000). Negative labeling of genetically modified organisms (GMOs): The Experience of rBST. *AgBioForum, 3(1),* 58-62. Disponível na World Wide Web: http://www.agbioforum.org.

128. Sawaneh, M., Latif, I. A., & Abdullah, A. M. (2013). Análise da instabilidade da produção de arroz nos países do Sudeste Asiático. *Jornal Asiático de Agricultura e Desenvolvimento Rural*, *3*(10), 688-696.

129. Shaffer, P. A., Vogel, D. L., & Wei, M. (2006). The mediating roles of anticipated risks, anticipated benefits, and attitudes on the decision to seek professional help: An attachment perspective. Journal of Counseling Psychology, 53(4), 442.

130. Shajie, A. Govahi, M. Safari, M. (2006). Investigação dos diferentes aspectos das culturas geneticamente modificadas. Actas do Congresso Nacional de Biotecnologia do Irão, Kerman.

131. Shakeri, A., & Garshasbi, A. (2008). Estimating technical efficiency of rice in selected provinces of Iran (Estimativa da eficiência técnica do arroz em províncias seleccionadas do Irão). *Jornal de Humanidades e Ciências Sociais, Economia*, Ano VIII, n.º 3 (30). (Em persa).

132. Shakery, A., e Garshasbi, A. (2008). Estimating technical efficiency of rice in selected provinces of Iran (Estimativa da eficiência técnica do arroz em províncias seleccionadas do Irão). *Journal of Humanities and Social Sciences and Economic Sciences.* 8 (3). (Em persa).

133. Sharma, R. (2012). Garantir o sucesso do programa Alimentar o Futuro: Analysis and Recommendations on Gender Integration. Os Resumos Temáticos da Iniciativa para o Desenvolvimento Agrícola Global são publicados pelo Conselho de Chicago sobre Assuntos Globais. Disponível em: http://www.thechicagocouncil.org/UserFiles/File/GlobalAgDevelopment/Issue   Brie

fs/GADI%20Issue%20Brief%20-%20FtF%20and%20Gender%20Integration%20- %20FINAL.pdf

134. Shauri, S. H., Njoka, F. M., & Nyabuto, A. H. (2010). Public perception towards genetically modified crops and food in Kenya (Perceção pública em relação a culturas e alimentos geneticamente modificados no Quénia). *African Journal of Business and Economic Research*, 5(2 & 3), 60-72.

135. Shobha Rani, N. (1998). A situação do arroz no Irão. *Boletim da Comissão Internacional do Arroz, 47*. Disponível em linha em: http://agris.fao.org/agris- search/search.do?recordID=XF1999085001

136. Smale, M. (2012). Terreno acidentado para a investigação: estudar os primeiros utilizadores de culturas biotecnológicas. *AgBioForum,* 15(2), 114-124.

137. Stilwell, M., & Van Dyke, B. (1999). *An activist's handbook on genetically modified organisms and the WTO (Manual de um ativista sobre organismos geneticamente modificados e a OMC)*. Washington: Centro de Direito Ambiental Internacional.

138. PNUD. (2012). Multi-Stakeholder Decision-Making A Guidebook for Establishing a Multi-Stakeholder Decision-Making Process to Support Green, Low- Emission and Climate-Resilient Development Strategies [Tomada de Decisões por Múltiplas Partes Interessadas: Um Guia para o Estabelecimento de um Processo de Tomada de Decisões por Múltiplas Partes Interessadas para Apoiar Estratégias de Desenvolvimento Ecológicas, com Baixas Emissões e Resilientes ao Clima].

139. Nações Unidas. (2008). Agricultura biológica e segurança alimentar em África. Conferência das Nações Unidas sobre Comércio e Desenvolvimento. UNEP-UNCTAD Capacity-building Task Force on Trade, Environment and Development. Programa das Nações Unidas para o Ambiente. Nova Iorque e Genebra.

140. Uzogara, S. G. (2000). O impacto da modificação genética dos alimentos humanos no século XXI: A review. *Biotechnology Advances*, *18*(3), 179-206.

141. Van eenennaam, A, L. (2005). Genetic engineering and animal feed (Engenharia genética e alimentação animal). Publicação 8183. Ficha informativa sobre engenharia genética, Universidade da Califórnia.

142. Vanninen, I., Siipi, H., Keskitalo, M., & Erkkila, M. (2009). Ethical compatibility of GM crops with intrinsic and extrinsic values of farmers: A review. *Open Ethics Journal*, *3*, 104-117.

143. Verdurme, A., & Viaene, F. (2003). Consumer attitudes towards genetically modified food. *Qualitative Market Research, 6(2),* 95-11.

144. Verma, C., Nanda, S., Singh, R. K., Singh, R. B., & Mishra, S. (2011). Uma revisão sobre os impactos dos alimentos geneticamente modificados na saúde humana. *Open Nutraceuticals Journal*, *4*, 3-11.

145. Vitale, J. D. ; Vognan, G. ; Ouattarra, M. ; Traore, O. (2010). A aplicação comercial de culturas OGM em África: A década de experiência do Burkina Faso com o algodão Bt. *AgBioForum*, 13(4), 320-332.

146. Vollmer, E., N. Creamer e P. Mueller (2007). Sustainable Agriculture and Transgenic Crops

[Agricultura Sustentável e Culturas Transgénicas]. Disponível em: *http://faculty. chass. ncsu. edu/ comstock/ langure/ ethics/ Vollmer.pdf*

147. Wang, E. H., Yu, Z., Hu, J., Jia, X. D., & Xu, H. B. (2013). Um estudo de reprodução de duas gerações com arroz Bt transgénico TT51 em ratos Wistar. *Toxicologia alimentar e química*. doi: http://dx.doi.org/10.1016/j.fct.2013.11.045

148. Whitman, Deborah B. 2000. "Alimentos geneticamente modificados: Harmful or Helpful? Cambridge Health Abstracts.

149. Banco Mundial. (2008). Agricultura para o desenvolvimento. Disponível em: www.worldbank.org

150. A Fome no Mundo. (2003). Bread for the world institute.Agriculture in the Global Economy.13th Annual Report on the State of World Hunger.

151. Yawson, R, M. Quaye, W. Entsi Williams, I. Yawson, I. (2008). A Stakeholder Approach to Investigating Public Perception and Attitudes towards Agricultural Biotechnology in Ghana (Uma abordagem das partes interessadas para investigar a perceção e as atitudes do público em relação à biotecnologia agrícola no Gana). *Tailoring Biotechnologies*, 4(1-2), 55-70.

152. Yohe, J, M. Christiansen, K. Frederick, J. (2009). Relatório anual de 2009 do CRSP sobre sorgo, painço e outros cereais da INTSORMIL.

153. Zarrilli, S. (2005). Organismos Geneticamente Modificados: Um Novo Dilema para África.

Fórum Africano de Desenvolvimento Tecnológico. Disponível em: http://www.atdforum.ora

154. Zwick, M. (1998). Perception and Attitudes towards Risks and Hazards of Genetic Engineering within the German Public. Documento de discussão.

Printed by Books on Demand GmbH, Norderstedt / Germany